's Heft 228

Methodensammlung für die Ausbildung in der Feuerwehr

von

Daniel Nydegger

Offizier und Feuerwehrinstruktor

(Schweiz)

2., erweiterte Auflage

Verlag W. Kohlhammer

Die Abbildungen stammen – sofern nicht anders angegeben – vom Autor.

2., erweiterte Auflage 2026

Gesamtherstellung:
W. Kohlhammer GmbH, Heßbrühlstr. 69, 70565 Stuttgart
produktsicherheit@kohlhammer.de

Print:
ISBN 978-3-17-045672-3

E-Book-Formate:
pdf: ISBN 978-3-17-045674-7
epub: ISBN 978-3-17-045675-4

Inhaltsverzeichnis

1 Einleitung

»Lehren heißt, ein Feuer zu entfachen, und nicht, einen leeren Eimer füllen.«
(Heraklit)

Mittwochabend, 20:00 Uhr. Eine Feuerwehrübung ist angesagt. Wie jedes Jahr im April steht das Üben mit der Schiebleiter auf dem Programm. Nach ein paar grundlegenden Informationen wird das Stellen der Leiter geübt: Zuerst an einem Einfamilienhaus neben dem Gerätehaus, danach am Schulhaus und zuletzt beim höchsten Mehrfamilienhaus im Ort. Die langjährigen Angehörigen der Feuerwehr kennen das bereits. Denn Jahr für Jahr wird an denselben Orten auf dieselbe Art geübt. Am Abend gehen alle nach Hause, froh, auch diese Übung wieder einmal hinter sich gebracht zu haben.

Wurde hier ein Feuer entfacht oder ein Eimer gefüllt? Ausbilden in der Feuerwehr hat zum Ziel, ein Feuer zu entfachen. Der Satz klingt widersprüchlich. Natürlich soll die Feuerwehr das Feuer löschen. Und trotzdem sollen alle Angehörigen der Feuerwehr für ihre Aufgabe brennen. Dazu kann die Ausbildung einen entscheidenden Beitrag leisten. Wenn während der Ausbildung nur »Eimer gefüllt werden«, wirkt sich das langfristig negativ auf die Motivation aus und der Lernerfolg bleibt bescheiden (Crittin 1993). Der beste Lerninhalt kann nicht effizient vermittelt werden, wenn kein Anliegen für den Stoff geweckt wird. Auch die Lernenden haben ihren Beitrag zu leisten, dennoch liegt viel Potential in der Gestaltung des Unterrichts.

Es gibt verschiedene Faktoren, die ein Ausbilder[1] beeinflussen kann, um die Lernenden zu motivieren. Dazu wurde viel geschrieben und es würde den Rahmen dieses Buches sprengen, auf alles einzugehen. Dieses Buch beschränkt sich auf einen Faktor: Die Methodik beim Ausbilden.

In jeder Feuerwehr spielt Ausbildung eine große Rolle. Ob Freiwillige Feuerwehr oder Berufsfeuerwehr – Ausbilden und Üben ist wichtig, damit alle Angehörigen der Feuerwehr einsatzbereit sind. Oft gibt es in Fragen der Ausbildung eine gewisse Feuerwehrkultur, die sich je nach Feuerwehr unterscheidet. Nicht selten zieht sich diese über Jahre hin, weil die jüngeren Angehörigen der Feuerwehr eine bestimmte Form von Ausbildung erleben, und wenn sie dann selber in der Funktion des Ausbilders sind, diese Kultur bereits übernommen haben. Zur Kultur gehören auch die Ausbildungsmethoden. So ergibt sich ein gewisses Methodenrepertoire, welches in einer Feuerwehr angewandt wird. Im optimalen Fall gibt es eine Auswahl an Methoden, im schlechtesten Fall wird nur eine angewandt. Diese angewandte Methode kann gut und wertvoll sein, aber in einer Monokultur wird sie langweilig. Zudem besteht die Gefahr, dass die Methoden in Übungssituationen eingesetzt werden, in denen sie nicht zum Lerninhalt oder zu den Teilnehmern der Übung passt.

---

1 Zur besseren Lesbarkeit wird in diesem Buch das generische Maskulinum verwendet. Die verwendeten Personenbezeichnungen beziehen sich – sofern nicht anders kenntlich gemacht – auf alle Geschlechter.

Nicht optimal eingesetzte Methoden oder eine Monotonie derselben wirken demotivierend. Das Überraschungsmoment fehlt und die Übung ist absehbar. Da auch die Themenauswahl in der Feuerwehr immer wieder eine ähnliche ist, glauben die Übungsteilnehmer schon zu wissen, was jetzt kommt, hören schlecht zu und denken schon gar nicht mit. Es muss nicht speziell erwähnt werden, dass dies auch für den Ausbilder keine motivierende Erfahrung ist. Allerdings ist es als Ausbilder auch nicht einfach, immer neue Wege in der Übungsgestaltung zu gehen. Dieses Buch will Abhilfe schaffen. Es werden unterschiedliche Methoden vorgestellt, die im Kontext der Feuerwehr eingesetzt werden können.

Es kann und soll allerdings nie das Ziel sein, dass unterschiedliche Methoden einfach um der Methoden willen eingesetzt werden. Methoden sollen immer helfen, den Lerninhalt gut zu vermitteln. Sie sollen motivierend sein und dazu anregen, sich mit dem Lerninhalt aktiv auseinanderzusetzen. Deshalb muss sich der Ausbilder immer wieder fragen: Wie und wann soll ich diese einsetzen? Und bei jeder Übung ist umgekehrt zu fragen: Welche Methode macht hier Sinn? Damit diese Methodensammlung nicht einfach eine Sammlung ist, aus der zufällig ausgewählt wird, müssen wir uns zu Beginn ein paar grundlegende didaktische Überlegungen machen. Wir können diesen Themenbereich nur streifen und wollen nur so weit in die Tiefe gehen, wie es für die Auswahl der Methoden nötig ist. Auch bei den Methoden, die in ► Kapitel 3 vorgestellt werden, wird immer wieder die Frage gestellt: Wann kann diese Methode angewandt werden? Was sind die Stärken, was die Schwächen? Es gibt keine Methode, die in jeder Übungssituation optimal wäre, deshalb müssen sie immer kritisch hinterfragt und zielgerichtet eingesetzt werden.

Es ist klar, dass die Methodenwahl allein noch keine gute Übung ausmacht, sie ist ein Mosaikstein in einem gesamten Bild. Das Buch soll eine methodische Inspiration sein, um Übungen abwechslungsreicher zu gestalten und die Methoden didaktisch zielgerichtet einzusetzen. Wenn diese Übungen ein Feuer entfachen können, wie es im eingangs erwähnten Zitat heißt, dann hat sich das Verfassen des Buches gelohnt.

2 Didaktische Überlegungen

Bevor wir uns den Methoden zuwenden können, müssen wir ein paar didaktische Überlegungen anstellen. Zum einen ist dies sinnvoll, um die Notwendigkeit von Methoden bei der Ausbildung zu verstehen. Zum anderen sind sie ja nur ein Mittel, um einen Lerninhalt zu vermitteln und somit dem Lerninhalt untergeordnet. Die didaktischen Überlegungen sollen helfen, die Methoden zielgerichtet und als Hilfsmittel einzusetzen, um den Lerninhalt gut und motivierend zu vermitteln. Dazu ist es wichtig, ein gewisses didaktisches Verständnis zu entwickeln. Wie zuvor erwähnt, wird hier nur das über Didaktik geschrieben, was für unsere Thematik wichtig ist. Weiterführende Literatur über das Thema Didaktik kann im Literaturverzeichnis gefunden werden.

Zunächst stellt sich die Frage: Was ist Didaktik eigentlich? »Die Didaktik ist die Theorie und Praxis des Lernens und Lehrens.« Oder etwas anders formuliert »... kümmert sich [die Didaktik] um die Frage, wer, was, von wem, wann, mit wem, wo, wie, womit und wozu lernen soll.« (Jank/Meyer 2014). Drei Themenfelder aus der Didaktik sollen nun ausgeführt werden. Bei den Methoden werden wir immer wieder auf diese didaktischen Überlegungen zurückkommen.

2.1 Fünf Strukturmomente eines Unterrichts

Im vorher genannten Buch von Jank/Meyer (2014) werden fünf Strukturmomente eines Unterrichts beschrieben, die in jedem Unterricht und in jeder Ausbildung vorkommen.

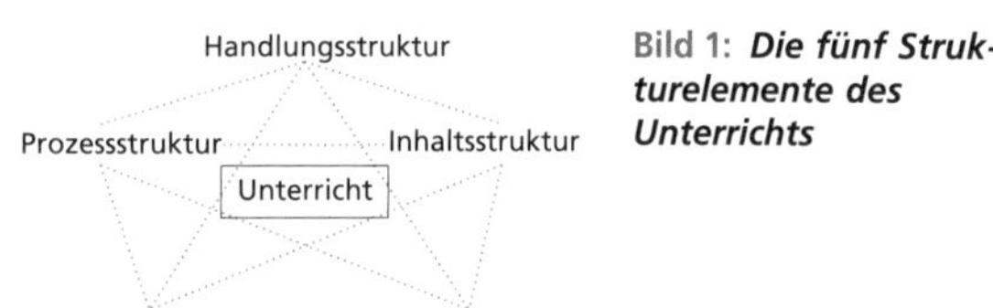

Bild 1: ***Die fünf Strukturelemente des Unterrichts***

2.1.1 Zielstruktur

Jede Ausbildungseinheit läuft auf ein Ziel hinaus. In der Zielstruktur ist definiert, was die Teilnehmer – in unserem Fall Feuerwehrangehörige – am Schluss einer Ausbildungssequenz im Stande sind zu tun. Im optimalen Fall überlegt sich der Ausbilder vorgängig sein Ziel und passt Inhalte und die Methode entsprechend an. Schlecht ist es dann, wenn das Ziel entweder vom Ausbilder gar nicht festgelegt wird oder die Ausbildung am festgesetzten Ziel vorbei verläuft.

Beispiel:

Das Ziel einer Ausbildungseinheit kann folgendermaßen lauten: Die Angehörigen der Feuerwehr stellen die Schiebleiter unter Berücksichtigung der Sicherheitsaspekte in fünf Minuten richtig auf.

2.1.2 Inhaltsstruktur

Der Inhalt leitet sich idealerweise vom Ziel ab. Hier stellt sich die Frage: Was muss vermittelt werden, damit das Lernziel erreicht werden kann? Es gibt dabei zwei Gefahren. Die eine ist das Weglassen von Dingen, welche für das Erreichen des Zieles wichtig wären. Die andere ist, dass der Ausbilder Lerninhalte in die Ausbildungseinheit hineinpackt, welche für das Erreichen des Zieles nicht nötig wären, was zu einer Verzettelung führt. Die zweite Gefahr ist in der Praxis meist größer als die erste.

Beispiel:

Gehen wir vom oben erwähnten Lernziel aus. Um das Ziel zu erreichen, müssen die Feuerwehrangehörigen wissen, auf welchem Fahrzeug die Leiter transportiert wird, wie sie richtig aufgestellt wird und wie das Ausziehen funktioniert. Außerdem müssen die Sicherheitsaspekte thematisiert werden. Was hingegen bereits über das Lernziel hinausführen würde, wäre die Frage, wie Rettungen über diese Leiter ausgeführt werden. Das gehört zwar thematisch zur Schiebleiter, muss aber für das Erreichen dieses Lernziels nicht behandelt werden.

2.1.3 Prozessstruktur

In jeder Ausbildungseinheit findet ein Prozess statt. Dieser zeigt sich in der zeitlichen Abfolge der Ausbildungsteile. Bei der Prozessstruktur lautet die Frage: Welche Reihenfolge ist sinnvoll? Welche Inhalte bauen aufeinander auf und was muss daher als Erstes vermittelt werden? Dieser Prozess muss so gestaltet werden, dass am Schluss das Lernziel erreicht werden kann.

Beispiel:

Wenn alle Feuerwehrangehörigen die Schiebleiter unter Berücksichtigung der Sicherheitsaspekte in fünf Minuten aufstellen sollten, dann müssen als Erstes die Voraussetzungen geklärt sein. Gehen wir einmal davon aus, dass ein Großteil der Feuerwehrangehörigen dieses Gerät schon einmal bedient hat, aber zwei neuere Feuerwehrmitglieder dabei sind, welche sich mit der Handschiebeleiter noch nicht gut auskennen. Die Übung kann mit einem kurzen Einsatz begonnen werden. Danach folgt ein Feedback und dann werden die einzelnen Schritte durchgegangen (Wie wird die Leiter transportiert? Was muss beim Aufstellen beachtet werden? Wie wird die Leiter ausgezogen? Wie wird die Leiter wieder transportbereit gemacht? Welche Sicherheitsvorschriften gibt es?). Da im Lernziel auch eine Zeitvorgabe formuliert wurde, muss in der Lektion noch eine Möglichkeit gegeben werden, das Aufstellen der Leiter zu trainieren, um die Zeitvorgabe zu erreichen.

2.1.4 Handlungsstruktur

In jeder Lektion bzw. Ausbildung werden Handlungen vorgenommen. In der Handlungsstruktur geht es einerseits um die Handlungen des Ausbilders, andererseits um Handlungen der Auszubildenden (wobei zu Handlungen auch Tätigkeiten wie Zuhören, Reden, Moderieren etc. gehören). Eine Ausbildung sollte so gestaltet sein, dass die Auszubildenden möglichst viel selbst tun können. Auch hier orientieren sich die Handlungen am Lernziel, dem Inhalt und sie sind eingebettet in den Prozess der Lektion.

Beispiel:
Die Handlungen vom Ausbilder sind das Beobachten und Bilanzieren der Einsatzübung am Anfang. Weiter wird er seine Gruppe instruieren, vormachen, erklären und am Schluss noch einmal beobachten und der Gruppe eine Rückmeldung geben. Die Übungsteilnehmer tragen die Leiter, stellen sie auf, hören zu und üben.

2.1.5 Sozialstruktur

In der Sozialstruktur geht es um die zwischenmenschlichen Beziehungen: Einerseits vom Ausbilder zu den Teilnehmern und umgekehrt, aber auch um die Beziehungen der Teilnehmer untereinander. In der Feuerwehr spielen diese in Einsätzen eine wichtige Rolle. Eine gute Atmosphäre untereinander wirkt sich positiv auf die Ausbildung aus. Spannungen, Autoritätsprobleme, Denkmuster von älteren Teilnehmern über jüngere oder andere Konflikte werden die Ausbildung beeinflussen.

Diese Struktur wird häufig vernachlässigt. Der Ausbilder konzentriert sich auf den Inhalt und das Ziel der Ausbildungseinheit, sodass dem sozialen Aspekt keine Beachtung geschenkt wird. Die Sozialstruktur kann entweder die Übungseinheit positiv beeinflussen, sie kann aber auch ein Hindernis für einen reibungslosen Übungsablauf sein.

Beispiel:

Das Aufstellen der Leiter erfordert Teamarbeit. Wenn ein Feuerwehrangehöriger aus der Gruppe die Führung übernimmt und die anderen dies akzeptieren, dann wird das Aufstellen der Leiter gut funktionieren. Wenn niemand die Führung übernimmt oder mehrere Feuerwehrangehörige diese Führung beanspruchen, sind Schwierigkeiten absehbar. Dann wird ein Teil der Übungszeit dafür gebraucht werden, dass jeder seinen Platz bzw. seine Rolle finden kann. Auch der Ausbilder beeinflusst die Sozialstruktur. Wie wird er wahrgenommen? Als kompetenter Ausbilder oder als Kamerad, der keine große Ahnung hat? Auch das wird sich auf die Effizienz der Ausbildungseinheit auswirken.

2.1.6 Fazit

Aus den oben ausgeführten didaktischen Überlegungen können wir nun einige Schlussfolgerungen ziehen. Die verschiedenen Strukturmomente beeinflussen sich gegenseitig. Die Zielstruktur hat Einfluss auf den Inhalt und die Handlungen. Die Sozialstruktur beeinflusst die Handlungen und Prozesse.

Was bedeutet dies nun für die Methoden? Die Methoden sind der Prozessstruktur zuzuordnen. Demzufolge haben die

Strukturmomente Einfluss auf die Methoden und umgekehrt die Methode (als Teil der Prozessstruktur) Einfluss auf die anderen Strukturmomente. Es gilt stets zu prüfen: Hilft die gewählte Methode, das gesteckte Ziel zu erreichen? Passt die Methode zum Inhalt? Und wie steht es mit der Sozialstruktur? Kann ich mit meiner Gruppe diese Methode anwenden? Genauso muss umgekehrt gefragt werden: Wie wirkt sich diese Methode auf das Lernziel aus? Und wie auf die Sozialstruktur? Hilft die Methode vielleicht, die Gruppe näher zueinander zu bringen? Diese Fragen können nicht bei jeder Übungsvorbereitung gestellt werden. Sie sind dennoch wichtig und deshalb dürfen Methoden nie einfach nach dem Zufallsprinzip ausgewählt werden.

2.2 Taxonomie

Die Taxonomie (vom Griech. *taxis* = Ordnung und *nomos* = Gesetz) ist ein Klassifikationsschema, welches auch im Zusammenhang von Lernzielen gebraucht wird. Man spricht auch vom Kompetenzlevel. In der Ausbildung ist sie für zwei Bereiche wichtig:

1. Es wird eruiert, was die Teilnehmer schon können und auf welchem Level sie stehen.
2. Bei der Formulierung von Lernzielen überlegt sich der Ausbilder, auf welchem Level die Teilnehmer am Ende der Lektion stehen sollen.

In der Folge soll das Schema von M. Dollinger vorgestellt werden, im Wissen, dass es noch andere und zum Teil auch geläufigere Schemata im Bildungswesen gibt (z. B. Krathwohl et al. 1964). M. Dollinger (2003) spricht von vier Leveln:

1. Faktenwissen und einfaches Know-how,
2. Verständnis und Anwendungskompetenz,
3. Überzeugungen und Werte,
4. Lerntransfer und Innovation.

Die vier Level sollen nun genauer erklärt werden.

Level 1 – Faktenwissen und einfaches Know-how

Dieses Level kommt zur Anwendung, wenn ein neuer Inhalt vermittelt wird, welcher den Teilnehmern weitgehend unbekannt ist. Auf diesem Level werden die Teilnehmer mit den wichtigsten Fakten vertraut gemacht und können einfache Anwendung ausführen. Am Schluss einer solchen Lektion müssen die Teilnehmer die wichtigsten Dinge auswendig aufzählen können.

Beispiel:

Beim Thema Technische Hilfeleistung Verkehrsunfall bekommen neue Feuerwehrangehörige einen Überblick über das Thema. Sie lernen Schere und Spreizer kennen und sind nach der Lektion in der Lage, die Geräte richtig in Betrieb zu nehmen, ein Blech zu durchtrennen und das Material wieder am richtigen Ort zu verstauen.

Level 2 – Verständnis und Anwendungskompetenz

Auf diesem Niveau geht es nun bereits um ein tieferes Verständnis der Materie. Hier werden auch eigene Erfahrungen mit dem Gelernten verknüpft und im Kopf der Teilnehmer entsteht ein Ordnungssystem.

> **Beispiel:**
> Auf diesem Level werden Schere und Spreizer zum Einsatz gebracht. Es wird gezeigt, wo die Schnitte bei richtigen Fahrzeugen durchgeführt werden. Die Teilnehmer bekommen die Möglichkeit zu üben und sich anschließend über ihre Erfahrungen auszutauschen. Was war schwierig? Warum hat es funktioniert bzw. nicht funktioniert?

Level 3 – Überzeugungen und Werte

Dieses Level bildet eine wichtige Brücke zwischen Level 2 und 4. Ob das Gelernte in der Praxis richtig angewandt wird, ist nicht nur eine Frage des Könnens, sondern auch der Motivation. Dollinger spricht von vier Motivationsförderern oder Hemmern: Glaubenssätze, Werte, Identität, Sinn. Es geht hier um die Fragen: Nach was richte ich mein Leben aus? Was ist mir wichtig? Wer bin ich? Warum lerne ich? Diese Fragen beeinflussen das Lernen – bewusst oder unbewusst. Übungen auf Level 3 wollen Lernhemmer bewusst machen, Sinn vermitteln und Lernförderer hervorheben. Das ist nicht immer einfach, da beide – Lernhemmer und Lernförderer – individuell sind. Dennoch sollte Raum gegeben werden, dass die Teilnehmer reflektieren können. Die Sinnhaftigkeit des Ausbildungsstoffes zu vermitteln, das liegt hingegen sehr stark beim Ausbilder.

> **Beispiel:**
> Im Level 3 geht es darum, den Sinn von Einsätzen unter dem Stichwort »Technische Hilfeleistung Verkehrsunfall« aufzuzeigen. Weshalb muss die Bedienung von Schere und Spreizer gelernt werden? Warum sind Einsätze aus dem Bereich Technische Hilfeleistung Verkehrsunfall

wichtig? Dazu könnte auf einen vergangenen Einsatz zurückgegriffen werden, der die Feuerwehr (oder eine benachbarte Feuerwehr) leisten musste und bei dem Personen aus einem Auto befreit wurden. Das kann mit Bildern geschehen oder eine Übung könnte dort stattfinden, wo der Unfall geschehen ist.

Level 4 – Lerntransfer und Innovation

Das Erreichen dieses Levels gilt als das Schwierigste. Selbst wenn ein Auszubildender das nötige Wissen und Können hat und auch die Motivation stimmt, heißt das noch lange nicht, dass ein Transfer in der Realität in komplexen Situationen stattfindet. Auf diesem Level können Teilnehmer das Gelernte nicht nur in Standardsituationen anwenden, sondern auch in einem schwierigen Umfeld. Situationen in der Realität entsprechen meistens nicht dem Standardschema. Wenn ein Teilnehmer dieses Level nicht erreicht hat, dann ist er mit komplexen Situationen überfordert.

Beispiel:

Ein Teilnehmer auf diesem Niveau kann eine Rettung bei einer Technischen Hilfeleistung Verkehrsunfall im Ernstfall durchführen, auch wenn sie komplex ist. Ein Auto bei einem echten Unfall ist, im Gegensatz zu Übungsautos, meistens stark beschädigt und es können sich Verletzte oder sogar tote Personen im Inneren befinden. Das Gelände ist möglicherweise nicht eben und der Zeitdruck ist erheblich. Außerdem ist das Auto mit Airbags ausgestattet, welche beim Unfall nicht alle ausgelöst wurden. Wenn jemand Level 4 erreicht hat, dann ist er in der Lage, diese Herausforderungen zu meistern.

Zu beachten ist: Die Level bauen aufeinander auf. Es kann keines übersprungen werden. Deshalb muss ein Ausbilder sich fragen: Auf welcher Stufe stehen die Teilnehmer? Wenn sie das Grundwissen nicht haben, dann ist eine professionelle Anwendung nicht möglich. Wenn die Motivation fehlt, dann ist keine Innovation möglich.

Bei jeder Ausbildungssequenz ist zu fragen, auf welcher Stufe die Ausbildungseinheit stattfindet. Je nach Level sind andere Methoden geeignet. Die Frage nach der Taxonomie stellt sich bereits bei der Formulierung der Lernziele. Erst wenn die Frage nach der Taxonomie geklärt ist und die Lernziele formuliert wurden, sollte der Ausbilder sich mit der Frage nach den Methoden auseinandersetzen. Bei der Vorstellung der Methoden wird es immer wieder einen Hinweis geben, für welche Taxonomielevel(s) die jeweilige Methode geeignet ist.

Eine Frage ist auch: Welches Level sollen die Teilnehmer überhaupt erreichen? Nicht bei jedem Thema muss ein Angehöriger der Feuerwehr Level 4 erreichen. Bei der Versorgung von Patienten leistet die Feuerwehr meistens nur Erste Hilfe. Hier ist die Level 2 ausreichend.

Ein besonderes Augenmerk wollen wir noch auf Level 3 richten: Überzeugung und Werte. Auf diesem Level geht es um die Motivation und häufig wird diesem Level zu wenig Beachtung geschenkt. Aber beim Lernen spielt sie eine ganz wichtige Rolle. Wenn ein Teilnehmer nicht lernen will, dann können wir die beste Lektion vorbereiten, der Nutzen wird minimal sein. Wenn falsche Werte und Überzeugungen da sind oder der Sinn fehlt, dann kann auch die Methode oder die gute Vorbereitung einer Ausbildungseinheit diese nicht wettmachen. Die Frage ist: Auf was ist zu achten?

Zum einen ist es wichtig, dass die Teilnehmer den Sinn der Ausbildung sehen. Wir müssen in der Ausbildung deshalb immer auch die Frage beantworten: Wozu lernen wir das? Wie und wo wird dieser Inhalt in der Praxis angewandt? Wenn ein Inhalt vermittelt wird, den die Teilnehmer sowieso nie anwenden können, dann wird die Motivation weniger groß sein als wenn sie wissen: In einem Einsatz ist dieses Wissen oder diese Fertigkeit gefragt.

Motivation kann sich auch durch ein Erfolgserlebnis einstellen, wenn die Feuerwehrangehörigen die Möglichkeit haben, ihr Können zu zeigen. Dafür muss in der Ausbildung Platz sein. Auch hier gibt es verschiedene Varianten. Bei den Methoden werden wir wieder darauf zurückkommen. Wenn die Teilnehmer ihr Können gezeigt haben, dann gehört auch ein Feedback des Ausbilders dazu. Die Lernhemmer der Teilnehmer herauszufinden, kann schwierig sein. Sie können zu einem gewissen Grad in der Ausbildung thematisiert werden. Wenn wir als Ausbilder bei einer Einzelperson einen Lernhemmer feststellen, dann sollten wir uns nicht scheuen, diese Person direkt und unter vier Augen anzusprechen.

Bei diesem Modell der Taxonomielevels wird deutlich, dass das letzte Level nicht erreicht werden kann, wenn die Motivation und der Wille fehlen. Deshalb darf dieser Punkt bei der Ausbildung nicht einfach außer Acht gelassen werden.

2.3 Lerntypen

Weshalb machen wir uns im Zusammenhang mit der Methodensammlung Gedanken über Lerntypen? Jede Methode spricht gewisse Lerntypen an. Wenn der Ausbilder immer nur eine Methode benutzt, dann fühlen sich gewisse Lerntypen vernachlässigt, während andere immer auf ihre Rechnung kommen.

Um die Lerntypen zu verstehen, wollen wir kurz die Lerntheorie von Kolb (2015) näher betrachten. Er sagt, dass Lernen ein Kreislauf ist, der aus vier Elementen besteht:

1. Wir machen eine konkrete Erfahrung (konkretes Lernen).
2. Diese Erfahrung reflektieren wir und beobachten, was im Zusammenhang mit dieser Erfahrung geschehen ist (passives Lernen).
3. Nun versuchen wir, die Erfahrung in eine abstrakte Begriffsbildung zu verpacken, die uns hilft, die Erfahrung einzuordnen. Die dazu gebildete Theorie können wir in einer ähnlichen Situation wieder abrufen (abstraktes Lernen).
4. Wenn wir ein theoretisches Konzept gemacht haben, versuchen wir die neuen Erkenntnisse aktiv umzusetzen (aktives Lernen), was zu neuen Erfahrungen führen kann, womit der Kreislauf wieder von vorne beginnt.

Der Kreislauf muss aber nicht zwingend beim ersten Punkt beginnen. Er startet je nach Situation an einem anderen Punkt.

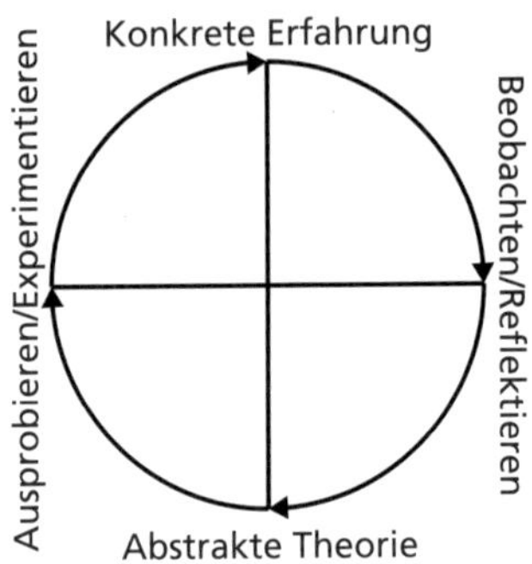

Bild 2: ***Lernen ist nach Kolb ein Kreislauf***

Beispiel:

Ein Kind beobachtet bei seinen älteren Geschwistern, wie sie mit dem Fahrrad fahren (passives Lernen). Es schaut ihnen immer wieder zu und versucht zu verstehen, wie Fahrradfahren funktioniert (abstraktes Lernen). Man sitzt auf dem Sattel, tritt in die Pedale, man lenkt und trägt einen Helm auf dem Kopf. Nun nimmt es selbst ein Fahrrad in die Hand und unternimmt die ersten Versuche im Fahrradfahren (aktives Lernen). Es versucht in die Pedale zu treten und zu lenken, und einen Helm hat es sich auch auf den Kopf gesetzt. Dennoch fällt es um. Jetzt fragt es sich: Warum bin ich nun hingefallen (passives Lernen)? Was machen die Geschwister anders? Nun merkt es, dass wohl die Geschwindigkeit eine Rolle spielt (abstraktes Lernen). Es versucht, eine gewisse Geschwindigkeit zu erlangen (aktives Handeln) usw.

Auch wenn jeder Mensch nach diesem Kreislauf lernt, gibt es bei jedem Mensch Lernformen, in denen er stärker ist als in anderen. Anhand dieser vier oben skizzierten Schritte gibt es nach Kolb vier Lerntypen. Jeder verbindet zwei der erwähnten Lernformen:

1. Entdecker
2. Denker
3. Entscheider
4. Macher

Keiner dieser Lerntypen ist besser als der andere. Jeder Typ hat seine Stärken und auch seine Schwächen. Meistens hat ein Mensch Anteile von verschiedenen Lerntypen, dennoch sind häufig ein oder zwei Lerntypen dominierend. Die Gefahr besteht immer darin, dass sich ein Ausbilder am eigenen Lerntyp orientiert. Die Übungen werden so gestaltet, dass sie den eigenen Lerntyp ansprechen. Es ist hilfreich, den eigenen Lerntyp zu kennen und zu wissen, welche Methoden man gewinnbringend findet. Dennoch müssen für eine gelungene Ausbildung alle Lerntypen berücksichtigt werden. Nun soll kurz ausgeführt werden, welche Eigenschaften die verschiedenen Lerntypen haben:

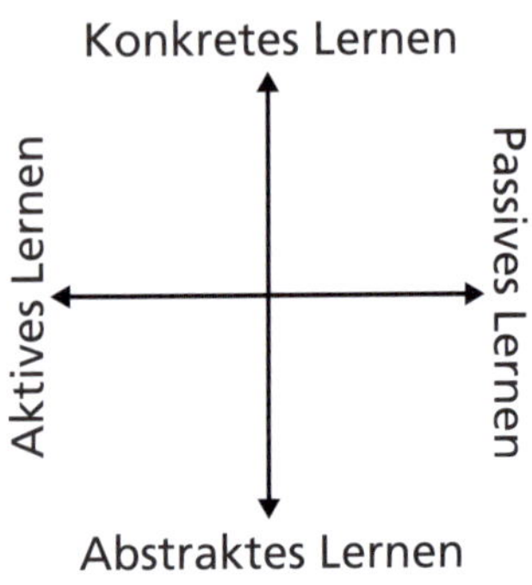

Bild 3: ***Die vier Arten von Lernen als Gegensatzpaare dargestellt***

Die vier Lerntypen können in eines der vier Quadrate zugeordnet werden.

Entdecker:

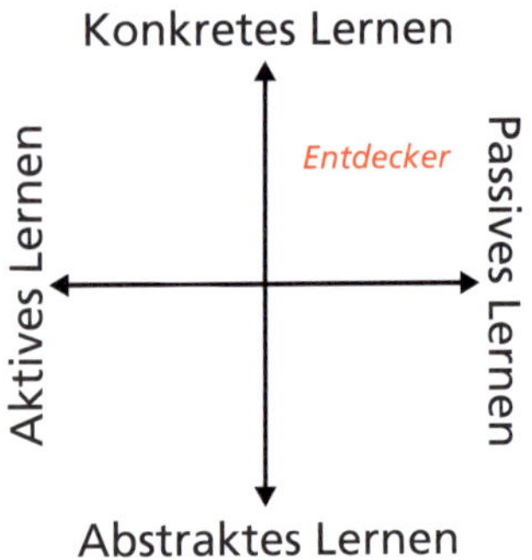

Bild 4: ***Der Entdecker***

Der Entdecker lernt konkret und reflektierend. Das heißt, er lernt durch Erfahrungen, die er macht und anschließend reflektiert. Entdecker können ihre Umgebung gut wahrnehmen, sie sind bereit, Neues zu entdecken und können eine Situation gut aus verschiedenen Blickwinkeln beobachten. Sie haben meistens viele Interessen und es fällt ihnen schwer, Entscheidungen zu treffen. Am meisten Gewinn hat der Entdecker, wenn er selbst etwas erleben kann (z. B. etwas beobachten, bevor er daran ausgebildet wird). Der Ausbilder gibt Impulse und hilft beim Reflektieren durch Fragen.

Denker:

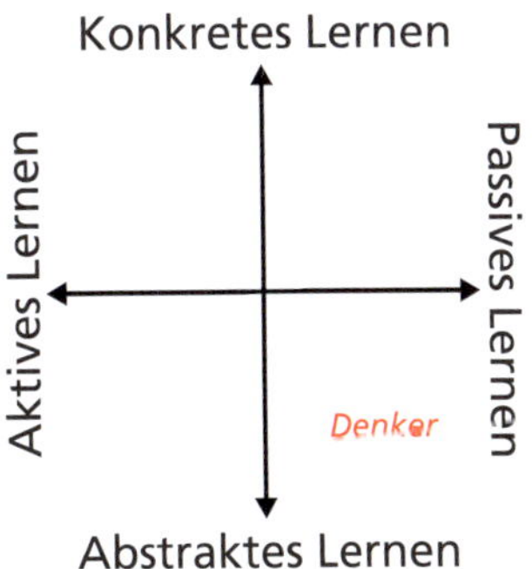

Bild 5: ***Der Denker***

Der Denker lernt auch reflektierend, aber abstrakt. Ein Denker kann eine Sache sehr gut durchdenken, ist gut darin, theoretische Modelle (am Schreibtisch) zu entwickeln und verschiedene Möglichkeiten miteinander zu vergleichen. Denker haben oft einen perfektionistischen Hang. Es kann auch sein, dass ihre Theorien und Modelle nur wenig mit der Praxis zu tun haben. Der Denker braucht viel Hintergrundwissen, damit er eine Materie für sich befriedigend durchdenken kann.

Entscheider:

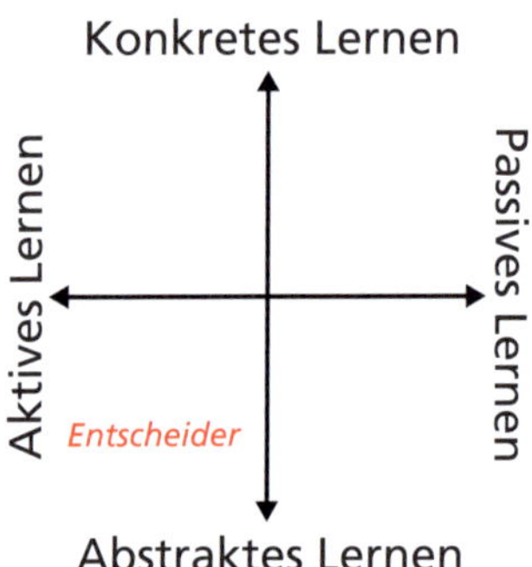

Bild 6: ***Der Entscheider***

Dieser Lerntyp hat mit dem Denker das abstrakte Lernen gemein. Er lernt aber stärker aktiv. Er kann abstrakte Dinge denken, will aber diese Dinge auch aktiv anwenden. Manchmal führt sein Drang, Entscheidungen zu treffen, dazu, dass er oberflächlich wird. Er arbeitet zielgerichtet und planmäßig. Er braucht ein gewisses Hintergrundwissen, aber sucht schnell nach Lösungen, die er praktisch umsetzen kann.

Macher:

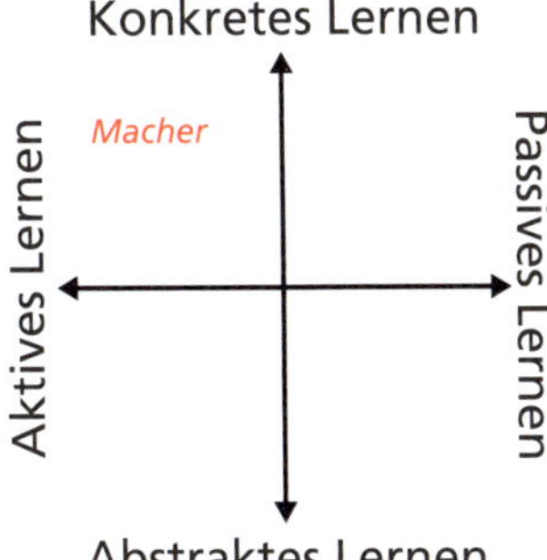

Bild 7: ***Der Macher***

Der vierte Lerntyp lernt aktiv und konkret. Experimentieren und aktives Handeln stehen im Vordergrund. Er ist für viel Neues zu begeistern, es fällt ihm aber schwerer, an einer Sache dran zu bleiben. Er ist flexibel und kann die Theorie auch vernachlässigen, wenn es sein muss. Anstatt lange zu reden, will er lieber etwas tun. Dadurch können Handlungen nicht gut durchdacht sein.

Ziemlich sicher wird ein Ausbilder in einer Ausbildungseinheit immer verschiedene Lerntypen vor sich haben. Im Kontext der Feuerwehr sind möglicherweise die Denker etwas schwächer vertreten als andere Lerntypen. Dennoch ist es gut möglich, dass auch Denker in der Feuerwehr sind. Gut ist es, wenn sich aktives und passives Lernen, aber auch konkretes und abstraktes Lernen immer wieder abwechseln. Bei der Methodensammlung wird klar, dass gewisse Methoden gewisse Lernformen bevorzugen und dadurch auch gewisse Lerntypen eher ansprechen als andere. Das ist nicht weiter schlimm, sofern keine Monokultur an Methoden vorherrscht. Fragen Sie sich einmal, welcher Lerntyp Sie am ehesten sind. Und dann überlegen Sie, welche Methoden oder Übungen in der Feuerwehr Sie am meisten ansprechen und welchen Zusammenhang das mit Ihrem Lerntyp haben könnte.

3 Methodensammlung

Der Schwerpunkt dieses Buches liegt auf einem Überblick von verschiedenen Methoden des Ausbildens. Die Auflistung ist nicht vollständig und die Methoden können miteinander kombiniert werden. Wichtig ist, dass die zuvor erklärten didaktischen Überlegungen im Hinterkopf behalten werden, damit die Methoden sinnvoll und zielgerichtet eingesetzt werden können.

Was aber ist eine Methode? Der Begriff ist angelehnt an das griechische Wort *methodos*. Es setzt sich aus zwei Worten zusammen: *meta* (hinter, nach) und *hodos* (Weg). Es beschreibt den Weg, um ein Ziel zu erreichen (wörtlich: Weg der Untersuchung, die Darstellungsweise) (Benseler 1882). Genau das ist die Aufgabe der Methodik. Die Methodik fragt nicht nach dem Ziel (das ist Aufgabe der Didaktik), sondern will Antworten geben, wie dieses Ziel erreicht werden kann. Oder anders gesagt: Die Methodik ist vor allem in der Prozessstruktur (▶ Kapitel 2.1) verortet. In ▶ Kapitel 3 werden nun verschiedene Methoden dargestellt. Der Aufbau der einzelnen Unterkapitel ist wie folgt gegliedert:

- kurze Übersicht,
- Methode im Detail,
- Anwendungsbeispiele,
- Vor- und Nachteile der Methode,
- am Schluss ein bis zwei Punkte, die wichtig bei der Umsetzung sind.

3.1 Vormachen – Nachmachen

Kurze Übersicht

Diese Methode ist die wahrscheinlich gebräuchlichste Methode. Der Ausbilder zeigt vor, die Lernenden schauen zu und machen das nach, was sie gesehen haben.

Die Methode im Detail

Diese Methode ist sehr tief in uns verankert, denn in den ersten Lebensjahren lernt ein Mensch durch das Nachmachen und Nachahmen von Bezugspersonen. Ab einem bestimmten Alter beginnt ein Lernender zu reflektieren, dennoch lernen auch Erwachsene immer noch durch Nachmachen (Petersen/Oser 2013).

Bild 8: ***Der Ausbilder zeigt vor.***

Bild 9: ***Die Teilnehmer machen nach, der Ausbilder kontrolliert.***

Da Erwachsene den Sinn hinter einer Sache verstehen wollen, ist es gut, wenn der Ausbilder beim Vormachen auch noch

Erklärungen dazu gibt. Warum macht man es so? Auf was muss besonders geachtet werden? Was sind die Gefahren? Wozu wird es eingesetzt? Es ist wichtig, dass alles schrittweise vorgezeigt wird.

Bei jedem Schritt kommen die nötigen Erklärungen dazu. Die schrittweise Erklärung hilft den Teilnehmern, ein gedankliches Gerüst aufzubauen, um den Ablauf nachmachen zu können.

Der Ausbilder muss sich vorher überlegen: Wie möchte ich den Lernstoff vorzeigen? In welchen Teilschritten gehe ich dabei vor? Es sollte eine gewisse Logik im Ablauf geben (Prozessstruktur). Dafür gibt es zwei Möglichkeiten:

- **Chronologisch:** Der Ausbilder zeigt einen Schritt nach dem anderen.
- **Steigerung:** Die Lektion beginnt beim Allgemeinen und kommt dann zu den Details. Oder sie beginnt beim Einfachen und gegen Schluss wird es schwieriger.

Je nach Themeninhalt macht eine andere Abfolge Sinn. Wichtig ist aber, dass die Logik beibehalten und nicht ständig hin und her gesprungen wird. Der Aufbau der Lektion kann entweder induktiv oder deduktiv sein. Die induktive Methode setzt an den Vorkenntnissen der Teilnehmer an und lässt die Auszubildenden einmal ausprobieren. Bei Problemen oder Fragen kommt der Ausbilder zum Zug, der vorzeigt und die Teilnehmer machen nach. Das wird vor allem die Lerntypen des Entdeckers und Machers ansprechen. Deduktiv bedeutet, dass der Ausbilder erklärt und vormacht, danach machen es die Teilnehmer nach. Das spricht eher die Denker und Entscheider an, sofern die nötigen Erklärungen dazu gegeben werden. Während die induktive Variante gewisse Vorkenntnisse voraussetzt, kann die deduktive Variante gut bei neuen Themen angewandt werden. Insgesamt ist diese Methode für die tieferen Taxonomielevels geeignet.

Wenn die Teilnehmer das Vorgezeigte nachmachen, sollte sich der Ausbilder nicht ausruhen, sondern beobachten, wie die Teilnehmer das Gelernte nachmachen. Denn beim Nachmachen wird deutlich, ob der Lerninhalt von den Teilnehmern richtig verstanden wurde. Falls sie etwas falsch nachmachen, muss er intervenieren und nötigenfalls noch einmal einen Teilschritt vormachen.

Mögliche Anwendung

Diese Methode macht Sinn bei Übungsstoff, der neu ist oder bei erkannten Fehlern. Wertvoll daran ist, dass der Ausbilder jeden einzelnen Schritt vormachen kann. Die Teilnehmer hören nicht nur passiv zu, sondern haben die Möglichkeit, etwas zu tun. Auch bei beobachteten Schwierigkeiten oder unsachgemäßer Ausführung ist diese Methode hilfreich, weil die Teilnehmer den Lerninhalt noch einmal im Detail anschauen können. So erlaubt diese Methode eine große Gründlichkeit beim Vermitteln im Stoff, da die Details nicht außer Acht gelassen werden. Wenn schon Vorkenntnisse da sind, kann die induktive Variante angewandt werden.

Beispiel

Ein Feuerwehrlehrgang wird am Pressluftatmer ausgebildet. Nach einem ersten Einsatz im Feuer geht es um die Reinigung der Geräte. Alle versammeln sich um einen Tisch und haben ihre Geräte vor sich. Der Ausbilder selber hat auch ein Gerät vor sich und beginnt nun, Schritt für Schritt vorzuzeigen, wie das Gerät auseinander genommen, gereinigt und wieder einsatzbereit gemacht wird (chronologische Reihenfolge). Dazu gibt er die nötigen Hinweise und Erklärungen ab. Die Teilnehmer machen Schritt für Schritt nach. Beim nächsten Mal kann die induktive Variante angewandt werden und ein Teilnehmer leitet die Reinigung. Der Ausbilder greift noch ein, wenn Unsicherheiten vorhanden sind oder Fehler gemacht werden.

Vor- und Nachteile

+ Neue Themen können sauber und detailliert instruiert werden.
+ Jeder Teilnehmer macht aktiv jeden Schritt selber nach.
+ Das Tempo kann gut an langsamere Teilnehmer angepasst werden.

- Die Methode wird schnell langweilig.
- Bei Themen, die bekannt sind, wird zu wenig an das Vorwissen der Teilnehmer angeknüpft, was den Lernerfolg vermindert.

Wichtig:

Die Erklärungen zu den einzelnen Schritten sollen fundiert und gründlich sein, dennoch ist es wichtig, sich auf das Wesentliche zu beschränken und sich nicht in den Details zu verlieren.

3.2 Die Einsatzübung

Kurze Übersicht

Diese Übungsform ist ein Klassiker in vielen Feuerwehren – und das nicht ohne Grund. Bei einer Einsatzübung wird der Ernstfall in einer Übung geprobt.

Die Methode im Detail

Bei der Einsatzübung wird ein Szenario erstellt, welches sich an einem möglichen realen Ereignis anlehnt. Eine Einsatzübung ist ein Test, ob das Wissen und Können, welches in anderen Übungen vermittelt worden ist, im Ernstfall eingesetzt werden kann. Auf der anderen Seite ist es ein Üben der verschiedensten Fertigkeiten, welche in der Feuerwehr angewandt werden müssen.

Beim Vorbereiten der Einsatzübung muss sich der Ausbilder genauso wie bei allen anderen Methoden fragen: Was sind die Ziele dieser Übung? Wenn die Ziele klar sind, kann er sich ein Einsatzszenario zurechtlegen. Dabei müssen umfassende Überlegungen angestellt werden, wo diese Übung durchgeführt werden kann, welche Mittel nötig sind, welche personellen Ressourcen zur Verfügung stehen und welche Rahmenbedingungen vorgegeben sind. Die Übung sollte so ausgelegt sein, dass möglichst alle Übungsteilnehmer sinnvoll beschäftigt sind, aber dennoch nicht zu wenig personelle Mittel vorhanden sind. Anhand der Lernziele ist auch zu fragen: Welche Schwierigkeiten muss ich einbauen? Welche Übungsbestimmungen braucht es, damit die Übung funktioniert? Auch sicherheitsrelevante Aspekte fordern das Augenmerk des Ausbilders. Wo sind mögliche Gefahren? Wo muss der Übungsleiter besonders auf die Einhaltung von Sicherheitsregeln achten? Während der Übung muss der Ausbilder bzw. Übungsleiter den gesamten Übungsablauf im Auge behalten. Falls etwas aus dem Ruder läuft oder die Übung eine Dynamik bekommt, welche der Ausbilder nicht vorgesehen hat, muss er sofort eingreifen.

Das Spannende an einer Einsatzübung ist, dass auch Führungskräfte Teil der Übung sind und ihre Führungsfertigkeiten trainieren können. Klar ist, dass die Einsatzübung eher auf den höheren Taxonomielevels einzusetzen ist, sicher nicht unter der zweiten. Hier kann das Gelernte angewandt werden. Bei dieser Methode können Schwierigkeiten eingebaut werden, welche einer Standardsituation nicht entsprechen.

Bei einer Einsatzübung steht das aktive und konkrete Lernen im Vordergrund. Die Macher werden darum Gefallen an dieser Methode finden, aber auch für Entscheider und Entdecker ist sie nicht ungeeignet.

Mögliche Anwendung

Diese Methode kann in allen Bereichen eingesetzt werden, die in einem Einsatz vorkommen können und eine gewisse Komplexität aufweisen. Falls das Szenario zu wenig komplex ist, wird die Übung schnell langweilig. Behandelte Themen können Brände, aber auch Technische Hilfeleistung (Verkehrsunfall o. Ä.) oder Öl- und Chemieereignisse sein. Begrenzungen dieser Methode sind das Vorwissen der Teilnehmer und die Übungsszenarien, die erstellt werden können. Große Brände können meistens nicht simuliert werden, sondern müssen mit Rauchmaschinen und mit Lampen dargestellt werden.

Vor- und Nachteile

+ Realitätsnahe Methode.
+ Vielfältig einsetzbar.
+ Fördert den Zusammenhalt der Gruppe.

- Großer zeitlicher Aufwand bei der Vorbereitung.
- Oft stehen keine geeigneten Übungsobjekte zur Verfügung.
- Je nach Personalbestand besteht die Gefahr, dass Feuerwehrangehörige nur untätig herumstehen.

Wichtig:

Das Übungsszenario sollte möglichst wirklichkeitsnah sein. Die Sicherheit der Feuerwehrangehörigen hat höchste Priorität und muss bei der Vorbereitung berücksichtigt werden.

3.3 Lehrgespräch

Kurze Übersicht

Beim Lehrgespräch wird Lehrstoff nicht einfach durch einen Monolog vermittelt, sondern unter Einbezug der Teilnehmer mit gezielten Fragen gemeinsam erarbeitet.

Die Methode im Detail

Der Unterricht ist gekennzeichnet durch eine Handlungsstruktur (Der Ausbilder wie auch die Teilnehmer handeln während einer Lektion). Das macht deutlich, dass die Handlung der Auszubildenden ein wichtiger Bestandteil einer Lektion ist. Das ist kein Problem, wenn etwas Praktisches gelernt werden muss. Beim Theorieunterricht kann dies zur Herausforderung werden. Das Lehrgespräch ist eine Möglichkeit, die Teilnehmer miteinzubeziehen. Dies geschieht vor allem durch Fragen des Ausbilders, die an bereits Bekanntem oder Erlerntem der Teilnehmer anknüpfen. Im Idealfall verläuft ein Lehrgespräch nicht im Pingpong Rhythmus (der Ball wird immer vom Ausbilder an einen Teilnehmer gespielt und von dort kommt er wieder zurück zum Ausbilder), sondern es findet eine Interaktion zwischen den Teilnehmern statt (der Ball geht zu mehreren Teilnehmern, bevor er wieder beim Ausbilder landet) (Knoll 2007; Döring 1983).

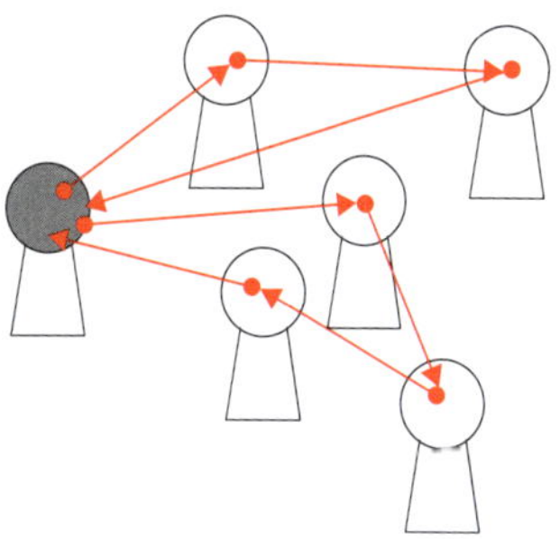

Bild 10: ***Der mögliche Verlauf eines Lehrgesprächs***

Der Ausbilder sollte zu Beginn das Thema und das Lernziel nennen. Beim Lehrgespräch ist das besonders wichtig, denn die Teilnehmer helfen durch ihre Antworten (und Fragen) selber mit, das Lernziel zu erreichen. Zu Beginn braucht es eine geeignete Einstiegsfrage. Je spannender sie ist und je mehr sie das Interesse der Auszubildenden weckt, desto größer wird die Aufmerksamkeit der Teilnehmer sein. Wenn das Interesse geweckt ist, ist die Folge, dass sich die Teilnehmer aktiv am Gespräch beteiligen. Die Anfangsfrage wie auch die anderen Fragen von Seiten des Ausbilders sollten, wenn immer möglich, offene Fragen sein. Zum Beispiel: Welche Sicherheitsvorschriften kennt ihr, die bei einem Atemschutzeinsatz eingehalten werden müssen? Geschlossene Fragen sind solche, die nur mit ja oder nein beantwortet werden können oder auf die es nur eine richtige Antwort gibt. Diese Regel lässt sich aber nicht konsequent anwenden und es wird manchmal auch Fragen geben, auf welche es nur eine Antwort gibt.

Die Frage kann auch so gestellt sein, dass eine Diskussion in der Gruppe entstehen kann. Beispiel: Welches ist die größte Gefahr bei einem Atemschutzeinsatz? Hier werden die Erfahrungen der Teilnehmer zum Tragen kommen und da nicht alle dasselbe erlebt haben, könnte die Gewichtung der Gefahren unterschiedlich ausfallen.

Sinnvoll ist es, wenn der Ausbilder nur eine Frage auf einmal stellt. Wenn Antworten kommen, die zwar richtig sind, aber zu wenig präzise, kann nachgefragt werden. Dasselbe gilt bei Antworten, die zu knapp sind und von Teilnehmern, die mit der Materie noch nicht so vertraut sind, nicht verstanden werden. Genau darin liegt eine Stärke des Lehrgesprächs. Sie kann gut in Gruppen angewandt werden, in denen nicht alle auf demselben Wissensstand sind. Die Teilnehmer, welche sich mit dem Thema bereits gut auskennen, können sich aktiver am Gespräch beteiligen und so ihr Wissen festigen.

Diejenigen mit geringerem Wissen können durch das Lehrgespräch profitieren und dazu lernen. Wichtig ist aber, dass auch sie zu Wort kommen. Darauf hat der Ausbilder zu achten.

So kann er eine Frage an eine bestimmte Person richten. Von Vorteil ist es, wenn er davon ausgehen kann, dass die angesprochene Person die Frage auch beantworten kann. Bei richtiger Beantwortung der Frage entsteht ein Erfolgserlebnis, was sich positiv auf die Motivation auswirkt.

Der Ausbilder muss während des ganzen Gesprächs die Fäden in den Händen halten. Wenn er merkt, dass eine Diskussion vom Thema abweicht, muss er zurücklenken auf das eigentliche Thema. Auch wenn ein Lehrgespräch nicht komplett vorhersehbar ist, muss sich der Ausbilder gut vorbereiten. Er sollte mindestens die Teilschritte kennen, um zum Ziel zu kommen. Ansonsten wird ein Leiten des Lehrgesprächs schwierig.

Alle Beiträge der Teilnehmer werden wertschätzend aufgenommen, selbst wenn etwas Falsches gesagt wird. Eine wertschätzende Haltung wird dazu führen, dass sich die Teilnehmer trauen, etwas zu sagen, auch wenn sie die Antwort nicht mit letzter Sicherheit wissen. Es versteht sich von selbst, dass falsche Antworten korrigiert werden müssen – aber nicht verurteilend. Am Schluss eines Lehrgesprächs kann der Ausbilder die wichtigsten Gedanken noch einmal zusammenfassen und so das Lehrgespräch abrunden.

Mögliche Anwendung

Das Lehrgespräch eignet sich gut für den Theorieunterricht bei einem Thema, über welches in einer Gruppe bereits Wissen vorhanden ist. Aber selbst wenn dies nicht der Fall ist, kann ein Lehrgespräch Sinn machen, wenn es Verbindungen gibt mit einem Thema, das bereits bekannt ist (wenn zum Beispiel ein neues Gerät eingeführt wird, das völlig unbekannt ist, aber die Handhabung des alten Gerätes beherrscht wurde).

Das Lehrgespräch kann auch mit anderen Methoden kombiniert werden. Es kann beim Vormachen – Nachmachen gebraucht werden, um das theoretische Wissen über das Vorgezeigte zu vermitteln. Oder auf das Lehrgespräch folgt eine Einsatzübung, in der das erarbeitete Wissen angewandt wird.

Das Lehrgespräch ist eher ein abstraktes Lernen. Darum werden sich Denker und möglicherweise Entscheider mit dieser Methode anfreunden können. Von den Taxonomielevels her ist das Lehrgespräch von Level 1 bis 3 geeignet.

Beispiel

Im folgenden Beispiel soll aufgezeigt werden, wie ein Lehrgespräch konkret ablaufen könnte.

Ausbilder: Heute wollen wir uns mit dem Feuerdreieck beschäftigen. Ziel ist es, dass alle das Feuerdreieck auswendig erklären und daraus die richtigen Schlüsse im Umgang mit den wichtigsten Löschmitteln ziehen können. Was sagt das Feuerdreieck aus?

B: Es zeigt auf, welche Bestandteile ein Feuer hat.

C: Und wie man ein Feuer löschen kann.

Ausbilder: Jawohl. Wie der Name schon sagt, ist es ein Dreieck und deshalb gibt es drei Elemente. Welches sind sie?

D: Wärme.

B: Sauerstoff und Holz.

Ausbilder: Es kann Holz sein, muss aber nicht. Wie könnte man dieses Element noch etwas allgemeiner formulieren?

C: Brennstoff.

Ausbilder: Sehr gut. Nun stellt sich die Frage: Wie viele Elemente muss ich bei einem Feuer wegnehmen, damit es ausgeht. E, was meinst du?

E: Eines.

Ausbilder: Sind da alle derselben Meinung?
(Alle nicken)

Ausbilder: Das ist richtig. Demzufolge gibt es drei Varianten, ein Feuer zu löschen.

C: Durch Kühlen.

E: Durch Ersticken.
(Pause)

Ausbilder: Das sind erst zwei. Welches ist das Dritte?
(Ruhe)

Ausbilder: Kühlen nimmt dem Feuer die Wärme weg. Ersticken den Sauerstoff. Welches Element fehlt also noch?

B: Der Brennstoff.

Ausbilder: Also, was ist die dritte Variante, ein Feuer zu löschen?

C: Durch Wegnehmen des Brennstoffes, wenn dies möglich ist.

Ausbilder: Genau. Jetzt die Frage: Wie löschen die Löschmittel, die ihr kennt?

B: Wasser kühlt.

E: Die Löschdecke erstickt.

B: Genauso auch der Schaumlöscher.

C: Ja, alle Feuerlöscher ersticken.

D: Nein, der Pulverlöscher nicht.
(Pause)

Ausbilder: Löscht der Pulverlöscher durch Ersticken?

B: Nein.

C: Aber wie löscht der Pulverlöscher dann?

Ausbilder: Weiß jemand die Antwort darauf?
(Stille)

Ausbilder: Der Pulverlöscher unterbricht die chemische Reaktion im Verbrennungsprozess. Er ist eigentlich das Gegenteil von einem Katalysator, der einen chemischen Prozess begünstigt.

C: Wie läuft denn ein Verbrennungsprozess ab?

Ausbilder: Das würde ein bisschen zu weit führen. Vereinfacht gesagt entstehen Pyrolysegase durch die Hitze im Feuer. Dieses Gas reagiert dann mit Sauerstoff und es entstehen Kohlenstoffmonoxid und Wasser als Abfallprodukt. Durch den chemischen Vorgang wird Hitze freigesetzt. Aber kehren wir wieder zurück zu den Löschmitteln. Kennt ihr noch ein weiteres?
(Stille)

Ausbilder: Das sind sicherlich die wichtigsten. Wenn man weiß, wie die einzelnen Löschmittel funktionieren, dann können sie auch gezielt und wirksam eingesetzt werden. Und damit sind wir am Ende. Also: Es gibt drei Elemente, die ein Feuer braucht: Sauerstoff, Brennstoff und Wärme. Wenn man eines wegnimmt, dann geht das Feuer aus. Habt ihr noch Fragen?

(Stille)

Ausbilder: Dann bedanke ich mich für euer Mitmachen.

Vor- und Nachteile

+ Die Teilnehmer können ihr Vorwissen abrufen.
+ Die Teilnehmer werden in einer Theorielektion aktiv.
+ Kann gut angewandt werden bei einer Gruppe, in der nicht alle Teilnehmer über dasselbe Wissen verfügen.

- Der Verlauf des Gespräches kann nicht genau geplant und vorausgesagt werden.
- Wenn die Teilnehmer nicht mitmachen, dann hält der Ausbilder schlussendlich wieder einen Monolog.
- Wenn Spannungen in der Gruppe herrschen, kann es zu kritischen Situationen kommen.

Wichtig:

Im Lehrgespräch muss der Ausbilder den Wissensstand der Teilnehmer kennen. Denn wenn die Fragen zu schwierig sind, werden auf die Fragen keine Antworten kommen und das Lehrgespräch wird zum Monolog des Ausbilders. Sind die Fragen zu einfach, langweilen sich die Teilnehmer und sie werden die Fragen auch nicht mehr beantworten. Außerdem muss der Ausbilder die Gruppendynamik im Auge behalten.

3.4 EBAT

Kurze Übersicht

Das Wort EBAT ist ein Akronym und bedeutet: Einsatz, Beurteilung, Ausbildung, Test. Es beschreibt den Ablauf einer Ausbildungseinheit, die mit einer Einsatzübung beginnt, danach folgt die Beurteilung, dann die Ausbildung, welche auf die Einsatzübung Bezug nimmt und zum Schluss ein Test, ob das Gelernte verstanden wurde.

Die Methode im Detail

Die EBAT-Methode stellt die Handlungen der Auszubildenden ins Zentrum und knüpft an ihr Vorwissen an. Prinzipiell eignet sich die Methode vor allem für Lerninhalte, die bereits bekannt sind. Der Ausbilder kann es unter gewissen Bedingungen auch mit neuem Lernstoff wagen, diese Methode zu wählen, allerdings nie bei Themen, welche bei unsachgemäßer Ausführung eine Gefährdung darstellen können.

Die Einsatzübung am Anfang sollte möglichst realistisch sein. Die Rollen und Funktionen müssen klar definiert sein. Bei dieser Methode kann zuerst festgestellt werden, was bereits an Wissen und Können vorhanden ist. Im Optimalfall werden die Erkenntnisse aus der Einsatzübung in die Ausbildung integriert. Das braucht eine gewisse Flexibilität des Ausbilders. Vielleicht müssen Themen aufgenommen werden, die gar nicht geplant waren, weil gewisse Defizite festgestellt wurden. Genauso kann es sein, dass geplante Ausbildungsschritte weggelassen werden, weil die Einsatzübung gezeigt hat, dass sie für alle selbstverständlich sind. Damit ist gewährleistet, dass die Ausbildung nicht langweilig wird. Es gibt auch immer wieder Teilnehmer, die – wenn das Thema der Übung genannt wird – sehr schnell behaupten: Das kann ich ja alles. Durch den Einsatz am Anfang ist offensichtlich, ob das Wissen und Können wirklich vorhanden ist oder nicht.

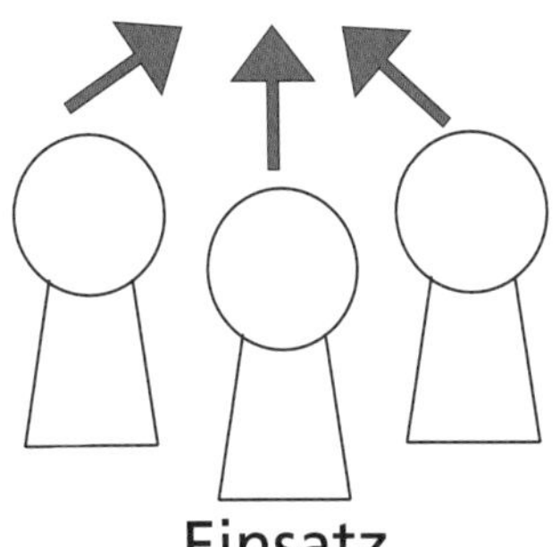

Bild 11: ***E steht für Einsatz.***

Die Beurteilung nach dem Einsatz sollte ehrlich, aber auch motivierend sein. Der Ausbilder kann die Bilanzpunkte der Übung entweder schon vor der Übung definieren, oder aber er nimmt sie aus der Einsatzübung heraus. Die Gefahr im zweiten Fall ist, dass er eher die Mängel sieht und nur diese in der Bilanzierung erwähnt. Das ist aber nicht motivierend. Es ist deshalb darauf zu achten, dass sowohl positive wie auch zu verbessernde Punkte genannt werden.

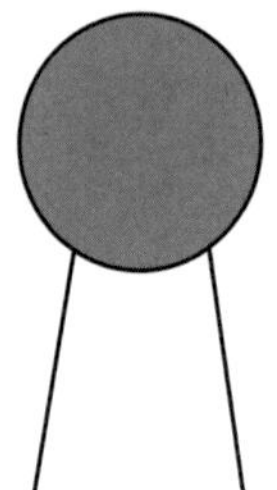

Bild 12: ***B steht für Beurteilung.***

Die Ausbildung danach sollte möglichst auf die Erkenntnisse der Einsatzübung abgestimmt sein. Bei der Ausbildung bietet sich die Möglichkeit an, Schritt für Schritt noch einmal Dinge zu erklären (Vormachen – Nachmachen). Auch auf Fragen der Teilnehmer kann eingegangen werden. Gerade die Einsatzübung erhöht die Wahrscheinlichkeit, dass Fragen aufkommen, die sich in der Übung ergeben haben.

Bild 13: ***A steht für Ausbildung.***

Der Test am Schluss dient dazu, das Gehörte bzw. Gelernte anzuwenden und zu festigen. Der Test kann entweder durch

Abfragen oder Vorführen durchgeführt werden oder aber durch eine erneute Einsatzübung. Es wäre zu langweilig, noch einmal dieselbe Einsatzübung wie am Anfang durchzuführen. Die erneute Einsatzübung sollte die Gruppe fordern, aber nicht überfordern. Ebenso sollte das in der Ausbildung Gelernte in der Einsatzübung angewendet werden können. Im Idealfall sind Fehler aus der ersten Einsatzübung ausgemerzt und die Gruppe ist sicherer geworden. Am Schluss wird eine Übungsbesprechung gemacht, um die wichtigsten Erkenntnisse zusammenzufassen. Motivation und das Mitnehmen von wichtigen Erkenntnissen steht hier im Vordergrund.

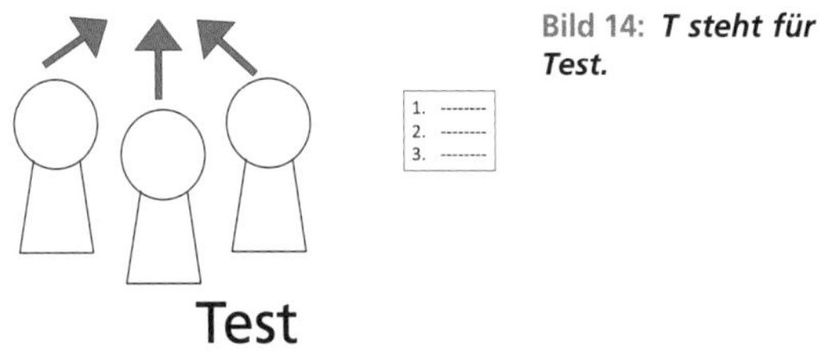

Bild 14: ***T steht für Test.***

Die Methode kann in allen Taxonomielevels angewandt werden. Bei niedrigem Taxonomielevel wird der Schwerpunkt eher auf das Ausbilden gelegt, bei höheren Stufen eher auf die Einsatzübung. Die ganze Übung sollte sich am Vorwissen der Teilnehmer orientieren, um sie weder zu langweilen noch zu überfordern.

Durch die unterschiedlichen Elemente der EBAT-Methode werden verschiedene Lerntypen angesprochen. Der Einsatz am Anfang spricht eher die Macher und Entdecker an, während die Ausbildung in die Tiefe geht und Denker anspricht. Durch das Verknüpfen von Theorie und Praxis kommen auch die Entscheider auf ihre Rechnung.

Mögliche Anwendung

Diese Methode eignet sich vor allem bei Themen, welche in der Feuerwehr immer und immer wieder geübt werden müssen: Leiterstellung, Schlauchdienst, Personenrettungen, Atemschutz etc. Sie ist sinnvoll, wenn die meisten Teilnehmer mit dem Übungsstoff vertraut sind. Falls neue Feuerwehrangehörige dabei sind, welche das nötige Wissen noch nicht haben, ist das nicht weiter schlimm, da sie entweder einmal zuschauen oder von den Kollegen Tipps und Anweisungen bekommen können.

Bei neuen Themen ist diese Methode nur zu empfehlen, wenn keine Gefährdung entsteht. In dem Fall muss der Ausbilder sofort einschreiten, wenn eine Handlung vollzogen wird, welche gefährlich ist. Trotzdem sollte die EBAT-Methode nicht für neue Themen ausgeschlossen werden. Der Lerntyp des Entdeckers wird hier großen Gewinn haben, weil er etwas Neues ausprobieren kann.

Vor- und Nachteile

+ Die Teilnehmer sehen gleich, wie und wo der Übungsstoff angewandt werden kann.
+ Es werden in einer Übung verschiedene Methoden angewandt, welche auch die verschiedenen Lerntypen ansprechen können.
+ Hoher Aktivierungsgrad der Teilnehmer.

- Die Übungen können etwas eintönig werden, weil es zweimal um denselben Inhalt geht.
- Einsatzübungen brauchen eine gute und aufwendige Vorbereitung.
- Die Ausbilder brauchen große Flexibilität, damit sie auf die Themen eingehen können, bei denen Mängel in der Einsatzübung offenbar wurden.

Wichtig:

Die Übungssituation sollte möglichst wirklichkeitsgerecht dargestellt werden.

3.5 Sandwich-Methode

Kurze Übersicht

Die Sandwich-Methode wechselt verschiedene Sozialformen ab (Zu den Sozialformen zählen: Frontalunterricht, Einzelarbeit, Partnerarbeit, Gruppenarbeit), ähnlich der EBAT-Methode (Knoll 2007). Die Vorkenntnisse werden hier nicht mit einer Einsatzübung aktiviert, sondern in einer Gruppe.

Die Methode im Detail

Das Kennzeichen der Methode ist, dass sich verschiedene Sozialformen aneinanderreihen. Der Ablauf sieht im Normalfall wie folgt aus: Start in Gruppen, darauf folgt eine Aktivität im Plenum, erneute Gruppenarbeit, Schluss im Plenum. In den Gruppen wird das eigene Vorwissen aktiviert und das Gehörte vertieft. Im Plenum werden die Inputs gegeben. Das gibt einer Übung eine klare Struktur. In den Gruppen kann sich der einzelne Teilnehmer besser einbringen. Wenn wir hier von Sandwich-Methode sprechen, dann meinen wir nicht stur den vorher skizzierten Ablauf, sondern die Idee, die dahinter steckt. Der Ablauf kann deshalb variieren. Es sollen nun ein paar Ideen und Möglichkeiten dieser Methode aufgezeigt werden. Die verschiedenen Varianten können nach Bedarf kombiniert werden.

Die erste Gruppenarbeit hat bei der Sandwich-Methode meistens zum Ziel, das Vorwissen der Teilnehmer zu aktivieren und herauszufinden: Wie ist ihr Wissensstand? Das kann auf verschiedene Arten geschehen. Eine haben wir bei der EBAT-Methode gesehen: Die Übung startet mit einem Einsatz. Eine weitere Variante ist das Sammeln von Stichworten zu einem Thema. Die Begriffe werden gesammelt und wenn möglich geordnet. Die erste Gruppenphase kann auch praktischer gestaltet werden.

Beispiele

- Was kommt euch in den Sinn, wenn ihr an die Sicherheit bei Atemschutzeinsätzen denkt?
- Was muss ich tun, wenn ich eine verletzte Person antreffe?
- Wie würdet ihr jemandem die Inbetriebnahme der Motorspritze erklären?
- Nehmt alles Material von den Fahrzeugen, welches für eine Technische Hilfeleistung Verkehrsunfall gebraucht wird und erklärt die Funktion von jedem Gerät.
- Zeichnet in einem einfachen Comic die Vorgehensweise beim Eindringen in einen brennenden Raum.

Schön ist es, wenn aus der ersten Gruppenphase etwas entsteht, was für die weitere Ausbildung verwendet werden kann.

Bild 15: ***Zuerst kommt eine Gruppenphase, um am Vorwissen der Teilnehmer anzuknüpfen.***

Nach dieser Einstiegsphase folgt eine Plenumsphase. In der Plenumsphase sollte an das Vorwissen, welches in der Gruppenphase erarbeitet wurde, angeknüpft werden. Für die Teilnehmer ist es frustrierend, wenn im Plenum ihr Wissen oder das, was sie erarbeitet haben, keine Beachtung findet. Dann stellen sich die Teilnehmer schnell die Frage: Welchen Nutzen hatte die ganze Vorarbeit? Außerdem fehlt die Wertschätzung für die von den Teilnehmern geleistete Arbeit.

Im Plenum wird der Inhalt der Lektion vermittelt. Eventuelle Lücken werden geschlossen, Fehler korrigiert oder Dinge geübt und angewandt. Je nach Lernstoff kann dies auch wieder in Gruppen geschehen. Dann sollten vorher allerdings die Erkenntnisse der einzelnen Gruppen aus der ersten Gruppenzeit kurz im Plenum ausgewertet werden. So entsteht ein kurzer Bruch zwischen den beiden Gruppenarbeiten.

Bild 16: ***Danach kommt eine Plenumsphase.***

Nach der Plenumsphase folgt eine erneute Gruppenphase. Hier geht es nun darum, die Erkenntnisse zu vertiefen bzw. sie mit dem Vorwissen zu verknüpfen. Das kann wiederum auf verschiedene Arten geschehen und an das anknüpfen, was in der ersten Gruppenphase erarbeitet wurde. Wenn beispielsweise in der ersten Gruppenphase ein Comic gezeichnet wurde, kann auf Grund von dem, was in der Plenumsphase erarbeitet wurde, erneut eine Zeichnung gemacht werden, um die Fehler auszubessern.

Bild 17: ***Erneute Gruppenphase (Vertiefung)***

Nach der Vertiefung kommt die abschließende Plenumsphase. Hier geht es darum, »den Sack zusammenzubinden«. Der Ausbilder kann die wichtigsten Erkenntnisse noch einmal zusammenfassen. Den Teilnehmern soll das Wichtigste in Erinnerung gerufen werden. Die Übung soll einen positiven Eindruck bei den Teilnehmern hinterlassen.

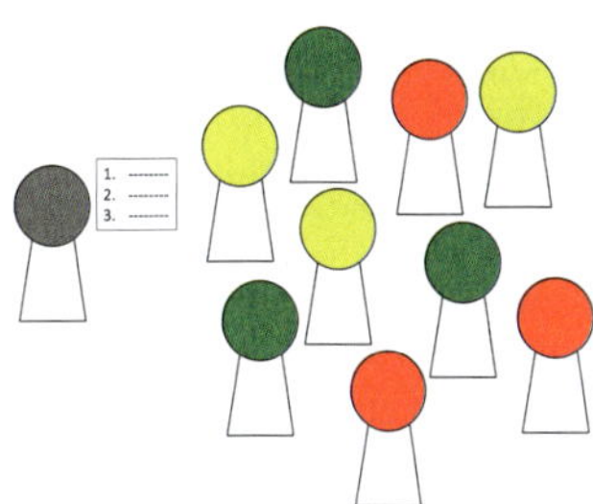

Bild 18: ***Abschließende Plenumsphase***

Wie bereits erwähnt, muss dieser Ablauf nicht stur eingehalten werden. Bei komplexeren Themen kann mit einer Plenumsphase gestartet werden, um die Grundlagen zu erarbeiten. Diese werden in einer Gruppenphase vertieft. Darauf aufbauend wird in einer weiteren Plenumsphase der weiterführende Inhalt vermittelt, der wiederum in einer Gruppenphase vertieft wird.

Mögliche Anwendung

Diese Methode wird am besten bei Themen angewandt, in denen schon Vorwissen der Teilnehmer vorhanden ist. Da das Übungsthema immer wieder behandelt und vertieft wird, sollte es ein umfangreiches und/oder komplexes Thema sein, welches die Teilnehmer fordert.

Je nach Gestaltung dieser Methode (sofern die Gruppen- bzw. Plenumsphasen nicht nur theoretisch sind) können alle Lerntypen angesprochen werden.

Vor- und Nachteile

+ Flexible Methode, die dem Thema gut angepasst werden kann.
+ Vorwissen der Teilnehmer wird aktiviert.

- Mit der Zeit kann es eintönig werden, weil die Übung immer um dasselbe Thema kreist.
- Eine Übung kann zu theoretisch werden, weil nur über die Themen gesprochen wird und sie zu wenig angewandt werden.

Wichtig:

Es ist gut, die erste Gruppenphase nicht immer gleich zu gestalten. Es kann eine Abwechslung sein, die Teilnehmer etwas zeichnen zu lassen oder Begriffe zu sammeln. Trotzdem muss das Handwerk letztlich real geübt werden. Das darf nicht zu kurz kommen.

3.6 Expertengruppen

Kurze Übersicht

In der Expertengruppe werden die Teilnehmer selber zu Ausbildern (Perels et al. 2007). Die Gruppe wird aufgeteilt, jede

Teilgruppe wird in einem Fachbereich instruiert und gibt anschließend das Wissen an die anderen Teilgruppen weiter, sodass am Schluss alle auf demselben Wissensstand sind.

Die Methode im Detail

Der Lerneffekt ist größer, wenn die Teilnehmer selber aktiv sein können. Das kann bedeuten, dass sie Geräte selber in die Hand nehmen und damit arbeiten oder aber, indem sie das, was sie gelernt haben, wieder an andere weitergeben. Genau an diesem Punkt setzt diese Methode an.

Bild 19: ***Phase 1: Ausbildung der Expertengruppen***

Die Auszubildenden werden in Gruppen (Expertengruppen) aufgeteilt. Es müssen mindestens zwei, können aber auch wesentlich mehr Gruppen sein. Je mehr Expertengruppen gemacht werden, desto größer ist der Zeitbedarf. Die verschiedenen Expertengruppen werden von einem Ausbilder instruiert. Wichtig ist, dass keine Gruppe dieselbe Ausbildung bekommt. Optimal ist ein Oberthema, dessen unterschiedliche Aspekte ausgebildet werden.

Beispiel

Das Oberthema der Übung ist der Schlauchdienst. Eine Expertengruppe wird darin ausgebildet, welche Schlauchdicken es gibt und wo welche Schläuche eingesetzt werden. Die zweite Gruppe lernt, wie der Schlauchvorrat ausgelegt wird. Die dritte Gruppe wird instruiert, wie der Schlauch durch ein Treppenhaus hinaufgeführt wird.

Eine Schwierigkeit besteht darin, dass alle Expertengruppen gleich viel Zeit für die Ausbildung beanspruchen. Nachdem jede Expertengruppe ihre Ausbildung erhalten hat, überlegen sich die Teilnehmer, wie sie das Gehörte den anderen Teilnehmern vermitteln wollen. Anschließend werden die Gruppen neu gemischt, sodass Puzzlegruppen entstehen. Die Puzzlegruppen setzen sich aus Experten aus jeder Expertengruppe zusammen. Jede Puzzlegruppe wird nun von allen Experten in der Gruppe ausgebildet, so dass am Schluss der gesamte Stoff vermittelt worden ist.

Bild 20: ***Phase 2: Bildung von Puzzlegruppen***

Nach Möglichkeit ist es sinnvoll, einen Ausbilder in jeder Puzzlegruppe dabei zu haben. Der Ausbilder soll nicht ausbilden, aber einschreiten, wenn etwas Falsches vermittelt wird oder wenn Fragen da sind, welche die Experten nicht beantworten können. Diese Methode wurde in den USA entwickelt, um sozial schwächere Schüler besser integrieren zu können. Das Expertensein wirkte sich positiv auf das Selbstbewusstsein der Schüler aus (Aronson 2000).

Hilfreich ist es, wenn nicht zu viel Wissen oder Können vermittelt werden muss. Diejenigen, welche ausbilden, haben in den meisten Fällen keine Kenntnis von Methodik und Didaktik. Wenn ihr Ausbildungsteil zu lange dauert und methodisch und didaktisch schlecht gestaltet wird, kann der Gewinn für die übrigen Teilnehmer geschmälert werden. Dem kann so entgegengewirkt werden, dass eine Expertengruppe das Wissen zuerst dem Ausbilder vermittelt. Er kann sowohl inhaltlich wie auch methodisch noch Änderungsvorschläge machen. Allerdings braucht dieser »Testlauf« natürlich zusätzlich Zeit.

Mögliche Anwendung

Diese Methode eignet sich bei Themen, die nicht ganz neu sind. Es eignet sich vor allem auch dann gut, wenn Teilnehmer dabei sind, die sehr erfahren sind und sich in einem Themengebiet gut auskennen. Von der Taxonomie her gesehen, können Themen auf Level 1 und 2 so vermittelt werden. Bei komplexeren Themen wird es schwieriger, die Themen in der Expertengruppe fachgerecht weiterzugeben. Die Methode eignet sich gut, um die Handhabung von Geräten oder Grundkenntnisse über die medizinische Erstversorgung weiterzugeben. Bei taktischen Inhalten wird von dieser Methode abgeraten.

Bei der Expertengruppen-Methode wird aktiv, konkret, aber auch passiv gelernt. Dementsprechend kann es unterschiedliche Lerntypen ansprechen.

Vor- und Nachteile

+ Teilnehmer sind sehr aktiv, weil sie selber ausbilden.
+ Wenn die Teilnehmer selber ausbilden müssen, können sich noch weitere Fragen ergeben, welche sich sonst nicht gestellt hätten.
+ Mögliche zukünftige Ausbilder können sich bei dieser Methode herauskristallisieren.

– In den Gruppen kann falsches Wissen weitergegeben werden.
– Die Teilnehmer haben möglicherweise keine Ausbildung erhalten, wie sie sinnvoll andere ausbilden können. Daher kann die Ausbildung in der Methodik Mängel aufweisen.

Wichtig:

Es sollte gut überlegt werden, welche Themen mit dieser Methode vermittelt werden können. Zu große oder komplexe Themenblöcke sind für diese Methode ungeeignet. Außerdem ist es wichtig, dass in der ersten Ausbildungseinheit das Wissen gründlich weitergegeben wird. Was der Ausbilder dort nicht unterrichtet, können die Experten in der Puzzlegruppe auch nicht vermitteln. Wenn die Experten ihr Wissen an die anderen Teilnehmer weitergeben, sollte der Inhalt überprüft werden.

3.7 Rollenspiel

Kurze Übersicht

Bei einem Rollenspiel nehmen verschiedene Personen eine bestimmte Rolle ein (Perels et al. 2007; Bonz 2009). Rollenspiele können unterschiedlich eingesetzt werden: Statisten spielen eine verletzte Person, Konfliktsituationen werden nachgespielt und es wird nach einer Lösung gesucht, der Umgang mit gewissen Zielgruppen wird geübt etc. (Knoll 2007).

Die Methode im Detail

Rollenspiele liegen heute in verschiedenen Bereichen im Trend. Durch ein Rollenspiel können Teilnehmer Inhalte erlebnisorientiert verinnerlichen. Sie lernen Probleme aus verschiedenen Perspektiven zu betrachten und Szenen aus dem Alltag können nachgespielt und analysiert werden. Für die Feuerwehr eignet sich nicht jede Art von Rollenspiel. Trotzdem kann diese Methode auch für die Feuerwehr gewinnbringend eingesetzt werden.

Allgemein werden vier Arten von Rollenspielen unterschieden. Entweder sind die Rollen definiert oder nicht, die Situation ist offen oder geschlossen.

Tabelle 1: ***Die verschiedenen Arten von Rollenspielen***

Situation / Rollen	geschlossen	offen
definiert		
undefiniert		

Wenn die Rollen definiert sind, gibt es eine Rollenbeschreibung und es ist klar, wer welche Rolle spielt. Bei den undefinierten Rollen liegt die Rollengestaltung im Ermessen der Teilnehmer. Wenn die Situation geschlossen ist, dann ist der Ausgang der Situation klar. Bei der offenen Situation lässt der Ausbilder eine Situation sich entwickeln, ohne dies zu planen. Je offener die Situation und undefinierter die Rollen sind, desto größer ist die Dynamik. Diese Art von Rollenspiel kann helfen, gewisse gruppendynamische Prozesse zu analysieren.

Die häufigsten Rollen, welche in der Feuerwehr eingenommen werden, sind verletzte oder zu rettende Personen. Hier sind die Rollen ziemlich klar definiert (die Person hat die Verletzung xy, die Person ist eingeschlossen im 1. OG etc.), die Situation ist mehrheitlich geschlossen. Die Situation kann insofern geöffnet werden, wenn der Übungsleiter der Person während der Übung Anweisungen gibt. So kann auf ein Verhalten der Teilnehmer reagiert werden. (Wenn es zu lange dauert, bis die Person gerettet wird, reagiert sie panisch und versucht, über den verrauchten Treppenraum zu fliehen. Dort wird sie bewusstlos und muss gerettet werden.) Diese Art von Rollenspiel kann nicht nur mit verletzten oder zu rettenden Personen durchgeführt werden. Statisten können auch »Schaulustige« spielen, Journalisten und Reporter, genervte Autofahrer etc. Es kann auch einmal sein, dass ein Feuerwehrangehöriger eine Rolle als Statist übernimmt. Das ermöglicht einen Perspektivenwechsel. Diese Erfahrungen des Feuerwehrangehörigen sollten am Schluss unbedingt an die Teilnehmer zurückfließen, zum Beispiel: Wie ist es, als verletzte Person transportiert zu werden? Was war angenehm, was eher weniger? Worauf sollte besonders geachtet werden?

Von der Taxonomie her bewegen sich Rollenspiele meistens schon auf einem höheren Level. Das Gelernte muss hier in eine konkrete Situation transferiert werden und die Teilnehmer müssen situationsgerecht handeln.

Neben dieser häufigsten Art von Rollenspiel gibt es auch noch andere Situationen, in der das Rollenspiel gezielt eingesetzt werden kann. Es können zum Beispiel Konfliktsituationen nachgespielt werden, um eine Lösung des Konflikts zu suchen. Diese Art von Rollenspiel eignet sich eher für die Führungsebene. Hier sind die Rollen klar definiert, die Situation ein Stück weit offen. Wichtig ist, dass jeder Teilnehmer in diesem Rollenspiel möglichst genau weiß, welche Rolle er einnimmt. Dann wird die Krisensituation in einem Rollenspiel nachgespielt. Bei dieser Variante von Rollenspiel muss jemand die Führung übernehmen, damit das Rollenspiel moderiert werden kann. Der Moderator kann das Rollenspiel jederzeit unterbrechen. Dann wird analysiert: Weshalb hat das Geschehen diesen Verlauf genommen? Welche Alternativen hätte es gegeben? Mit diesen Alternativen und Vorschlägen kann der Ausbilder spielen und die Situation noch einmal mit dem alternativen Verhalten durchspielen. Danach kann er wieder stoppen und erneut analysieren. Auch wenn der Eindruck entstehen kann, dass eine nachgespielte Situation nie der wirklichen Situation gleich kommen kann, so ist es dennoch erstaunlich, wie viel aus solchen Rollenspielen herausgelesen werden kann.

Diese Art von Lernen wird vor allem dem Entdecker-Lerntyp gefallen. Hier wird vom Ausbilder kein Lerninhalt vorgegeben, sondern es gilt selber herauszufinden, welche Lösungen es für ein Problem gibt.

Mögliche Anwendung

Auf der einen Seite kann mit dem Rollenspiel der Umgang mit Patienten und/oder zu rettenden Personen geübt werden. Auf der anderen Seite können Konfliktsituationen nachgespielt werden, um nach Lösungen zu suchen.

Vor- und Nachteile

+ Situationen aus der Wirklichkeit können realitätstreu nachgestellt werden. Es kann wirklichkeitsnah geübt werden.
+ Wenn ein Feuerwehrangehöriger in eine Rolle schlüpft, kann er Dinge aus einer anderen Perspektive erleben.
+ Konfliktsituationen können nacherlebt werden und die Gruppe kann durch das Rollenspiel Lösungen suchen und im Idealfall auch finden.

- Der Erfolg dieser Methode hängt davon ab, wie die Rollen gespielt werden.
- Es ist möglich, dass keine sinnvolle Lösung gefunden wird.

Wichtig:

Der Ausbilder muss sich vorher genau überlegen, welche Informationen die Teilnehmer erhalten müssen, um ihre Rolle möglichst gut spielen zu können.

3.8 (Erweiterte) Postenarbeit

Kurze Übersicht

An verschiedenen Posten werden die Teilnehmer in verschiedenen Fertigkeiten ausgebildet (Siebert 2010). Die normale Postenarbeit sieht vor, dass jede Gruppe jeden Posten anläuft. Um die Postenarbeit ein bisschen spannender zu machen, können auch noch weitere Formen angewandt werden: Teilnehmer bereiten selbst einen Posten vor oder die Postenarbeit wird unterbrochen, um das Gelernte anzuwenden.

Die Methode im Detail

Die Postenarbeit ist eine sehr geläufige Methode. An verschiedenen Posten werden verschiedene Themen von einem Ausbilder vermittelt. Die ganze Gruppe wird auf die Anzahl Posten aufgeteilt. Nach einer bestimmten Zeit geht jede Gruppe zum nächsten Posten, bis alle Gruppen alle Posten angelaufen haben.

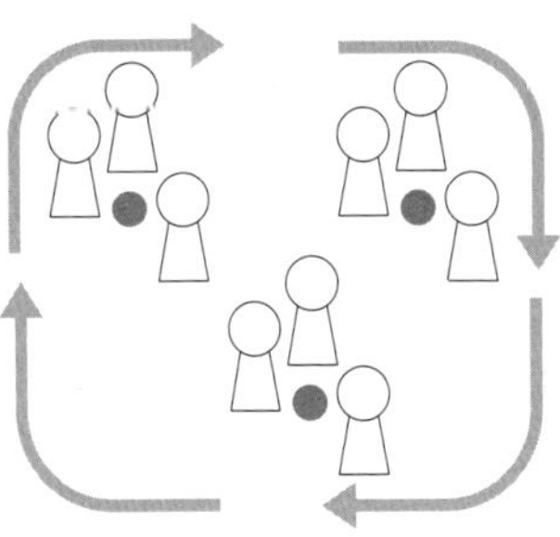

Bild 21: ***Postenarbeit***

Diese Methode hat durchaus ihre Berechtigung. Es können vor allem verschiedene Aspekte eines Themas einzeln angeschaut werden. Am Schluss, wenn alle Posten absolviert sind, haben die Teilnehmer ein umfassendes Bild. Schwieriger wird es, wenn die Themen an den verschiedenen Posten nichts miteinander zu tun haben. Dann fehlt die Verknüpfung. Deshalb ist hier Vorsicht geboten. Auch bei einer Postenarbeit sollte sich der Organisator fragen, was das Ziel der ganzen Übung ist. Weshalb hat er sich für die gewählten Themen entschieden?

Die Postenarbeit bewegt sich bei der Taxonomie meistens auf Level 1 und 2 (Grundlagen können detailliert vermittelt werden). Die Gefahr besteht, dass der Sinn des Ausbildungsstoffes zu wenig vermittelt wird, was sich nachteilig auf die Motivation auswirken kann. Um eine Postenarbeit spannender zu gestalten und auch die Motivation zu steigern, sind verschiedene Varianten möglich.

Eine Variante wäre beispielsweise bei jedem Posten einen kleinen »Test« durchzuführen. In diesen Tests werden Punkte gesammelt, die am Schluss zusammengezählt werden. So gibt es einen Sieger oder eine Siegergruppe, welche auf irgendeine Weise belohnt werden kann. Das kann den Anreiz erhöhen, zuzuhören und mitzumachen.

Die Postenarbeit kann auch mit einer Einsatzübung oder einem Wettbewerb abgeschlossen werden, damit die Teilnehmer das Gelernte anwenden können. Die Ausbilder bekommen dadurch eine Rückmeldung, was vom Ausbildungsstoff hängen geblieben ist.

Eine weitere Variante könnte folgende sein: Die Teilnehmer können wählen, welche Themen sie besuchen möchten. Das ist meistens nicht ganz einfach und bedeutet für die Ausbilder einen größeren Aufwand. Eine weitere Schwierigkeit besteht auch darin, dass nicht alle Teilnehmer in allem ausgebildet werden. Diese Variante kann sich der Ausbilder überlegen, wenn an den Posten vor allem Ausbildungsstoff wiederholt wird. Durch die Auswahl können sich die Teilnehmer in einer Thematik vertiefen. Die ganze Übung kann so gestaltet werden, dass in einer ersten Phase alle Teilnehmer alle Posten besuchen und so das Grundwissen erhalten. In einer zweiten Phase können die Teilnehmer interessenspezifisch auswählen. Die Themen müssen so gewählt sein, dass alle gleichermaßen spannend sind und sich nicht alle Teilnehmer für den gleichen Posten entscheiden.

Mögliche Anwendung

Postenarbeit kann bei vielen Themen angewandt werden. Meistens wird Basiswissen an den Posten vermittelt. Mögliche Themen sind: Versorgung von Verwundeten, Rohrführergrundsätze, Leiterstellungen, Absturzsicherungen etc.

Von Vorteil ist es, wenn die Themen an den Posten einen Bezug zueinander haben. So kann das Oberthema zum Beispiel Technische Hilfeleistung Verkehrsunfall sein. An den Posten werden verschiedene Aspekte dazu gelehrt: Verschiedene Funktionen bei der Technischen Hilfeleistung Verkehrsunfall, Gefahren bei modernen Autos, Betreuung von eingeklemmten Personen usw. Wenn die Themen der Posten einen Bezug zueinander haben, dann können eher Verknüpfungen zwischen den Posten gemacht werden.

Vor- und Nachteile

+ Themen können grundlegend vermittelt werden.
+ Inhalte der Posten können gut dem Vorwissen und Können der Teilnehmer angepasst werden.

- Der Zusammenhang zwischen den Themen der einzelnen Posten kann fehlen.
- Das Vermitteln des Sinns der Ausbildung wird möglicherweise vernachlässigt.

Wichtig:

Es ist gut zu überlegen, welche Themen an den Posten behandelt werden und ob die Postenarbeit allenfalls erweitert werden kann, damit sie spannend ist.

3.9 Impulsbild/-video

Kurze Übersicht

Hier werden Bilder und Videos aus Feuerwehreinsätzen oder Übungen genommen, analysiert und Lehren daraus gezogen (Bernet/Bernet 2007).

Die Methode im Detail

Das Video oder Bild, das einen Sachverhalt auf lustige Weise darstellt, kann entweder als Einstieg in ein Thema oder als Abschluss gebraucht werden. Über Facebook und andere soziale Netzwerke werden heute immer wieder Bilder und Videos von Einsätzen gepostet. Über Sinn und Unsinn sowie über die Frage, welche Bilder und Videos gepostet werden sollen und welche nicht, müsste an einer anderen Stelle diskutiert werden. Trotzdem können diese Videos und Bilder auch einen Lerneffekt haben. Diese macht sich der Ausbilder in dieser Methode zu Nutze. Die Videos oder Bilder, die ausgewählt werden, können entweder ein vorbildliches Verhalten zeigen, ein falsches Verhalten deutlich machen, die Auswirkungen eines Verhaltens erhellen oder sie zeigen einen Sachverhalt auf eine lustige Art und Weise.

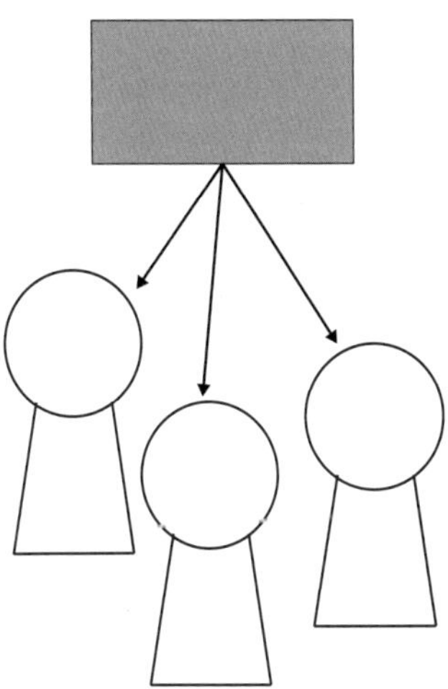

Bild 22: ***Impulsbild oder Impulsvideo***

Wenn der Ausbilder ein Video mit einem problematischen Verhalten zeigt, ist darauf zu achten, dass es nicht nur zur Belustigung dient. Es muss von Anfang an oder kurz nach dem Sehen des Videos klar sein, dass das Verhalten, welches auf dem Video gezeigt wird, falsch ist. Weiter muss sorgfältig darauf geachtet werden, dass die richtigen Lehren daraus gezogen werden. Dafür eignet sich eine Diskussionsrunde. Es ist hilfreich, wenn der Ausbilder vorher das Thema strukturiert. Was waren problematische Verhaltensweisen? Was war gut? Warum hat der Betreffende wohl so gehandelt? Was waren die Auswirkungen? Diese Fragen helfen den Teilnehmern zu reflektieren.

Genauso kann er es mit dem positiven Beispiel machen. Da die positiven oder richtigen Verhaltensweisen oft nicht so stark auffallen wie die negativen, muss hier genauer hingeschaut werden. Auch hier können vorgegebene Fragen analog zum negativen Beispiel hilfreich sein.

Beispiel

Von Mr. Bean gibt es ein Video, wie er reanimierende Maßnahmen (Basic Life Support) vornimmt (einzusehen auf YouTube). Das Spannende an diesem Video ist, dass er zwar alle Elemente der reanimierenden Maßnahmen anwendet, aber auf eine falsche Art. Ein Ausbilder zeigt dieses Video am Ende einer Übung, in der die Thoraxkompression geübt wird. Er kommentiert das Video zugleich noch. Dieses Video ist ein gelungener Abschluss der Übung, bleibt den Teilnehmern in Erinnerung und hat auch einen didaktischen Wert.

Impulsbilder oder Videos haben in den meisten Fällen nur eine unterstreichende Wirkung. Das Wissen wurde noch nicht so verinnerlicht, dass es in einer entsprechenden Situation auch tatsächlich angewandt werden kann. Diese Methode dient in den meisten Fällen als Einleitung oder Abschluss. Wenn ein

Video oder ein Bild analysiert wurde, braucht es eigenes Üben. Spannend kann es auch sein, das Video oder das Bild am Schluss noch einmal anzuschauen und dieses dann mit der eigenen Übung zu vergleichen. Ein Impulsbild oder ein Video kann hilfreich sein, weil dadurch eine Außenperspektive eingenommen wird. Gerade den Lerntypen, bei denen das Denken und Reflektieren eine wichtige Rolle spielt, kann dies eine Hilfe sein. Impulsbilder oder Videos zeigen oft auch den Sinn oder Unsinn bestimmter Vorgehensweisen auf und steigern die Motivation, diese richtig einzuüben.

Mögliche Anwendung

Auf der einen Seite können auf Bildern und/oder Videos Abläufe oder die Handhabung von Geräten gezeigt werden. Taktische Gesichtspunkte sind schwierig, da die Betrachter in einem Bild oder Video oft nicht den gesamten Überblick über die Schadenlage haben. Bei Abläufen und der Handhabung von Geräten sind fast keine Grenzen gesetzt, sofern der Ausbilder ein passendes Video oder Bild dazu findet. Wie bereits aufgeführt, ist diese Methode im Kontext der Feuerwehr gut für einen Einstieg geeignet, oder um ein Thema zu vertiefen. Ein Impulsbild oder ein Video ersetzt nie die praktische Übung.

Vor- und Nachteile

- + Das Video oder Bild ermöglicht einen anderen Zugang zum Thema.
- + Amüsante Videos oder Bilder lockern den Unterricht auf.

+ Etwas Lustiges oder Eindrückliches bleibt länger im Gedächtnis.

- Ein passendes Video/Bild muss gefunden werden.
- Diese Methode muss mit einer praktischen Übung ergänzt werden.

Wichtig:

Bei witzigen oder haarsträubenden Videos muss gut darauf geachtet werden, dass sich die Gruppe nicht nur über den Inhalt lustig macht, sondern auch die richtigen Lehren daraus zieht. Ansonsten ist das Ziel dieser Methode verfehlt.
Moralisch fragwürdige Bilder oder Videos (z. B. Opfer sind erkennbar, die Privatsphäre wird verletzt...) haben nichts in der Ausbildung verloren. Selbst dann nicht, wenn der Ausbilder ausdrücklich darauf hinweist, dass sie moralisch fragwürdig sind.

3.10 Variantenübung

Kurze Übersicht

Manchmal gibt es nicht ein »Richtig« und ein »Falsch«, sondern höchstens ein »Gut« und ein »Besser« (Knoll 2007). Die Variantenübung probiert verschiedene Varianten aus und reflektiert anschließend über Vor- und Nachteile.

Die Methode im Detail

In der Feuerwehr gibt es genaue Abläufe und Vorschriften. Diese werden immer und immer wieder trainiert, bis sie die

Angehörigen der Feuerwehr auch in einem Einsatz mitten in der Nacht ohne groß nachzudenken beherrschen. Allerdings ist das Feuerwehrhandwerk zu komplex, als dass alles genau festgelegt werden kann. Vor allem in taktischen Fragen gibt es mehrere Möglichkeiten, die zum Erfolg führen können. Die Variantenübung will helfen, dass die Teilnehmer einen Überblick bekommen und merken, in welcher Situation welche Entscheidung zielführend ist.

Der Übungsleiter kann die verschiedenen Varianten bereits vorgeben oder die Teilnehmer finden sie selbst heraus. Wichtig ist, dass die Übungssituation möglichst realistisch ist und die Auswirkungen der Entscheidungen sichtbar werden. Wenn z. B. die Brandbekämpfung nur mit einem »fiktiven« Feuer geübt wird, ist es schwierig zu sagen, welche Konsequenzen die jeweilige Entscheidung wirklich hat.

Der Lerneffekt wird vergrößert, wenn nicht nur der Ausbilder eine Beurteilung abgibt, sondern auch die Teilnehmer miteinbezogen werden.

Der Ausbilder kann hinterher noch ergänzen. Meistens merken die Teilnehmer selber, was funktioniert hat und was nicht. Wenn der Ausbilder während der Übung die wichtigsten Punkte zusammenfasst und schriftlich/visuell festhält, können am Schluss alle Varianten miteinander verglichen werden. Es bietet sich an, eine Sammlung von verschiedenen Möglichkeiten zu machen. Die Bedingungen bei den verschiedenen Varianten dürfen aber nicht verändert werden. Sobald zusätzliche Schwierigkeiten eingebaut werden, kann es sein, dass auch die Herausforderungen anders werden. Das macht ein Vergleichen der verschiedenen Vorgehensweisen schwierig. Wenn alle Varianten durchgespielt wurden, können sie aus-

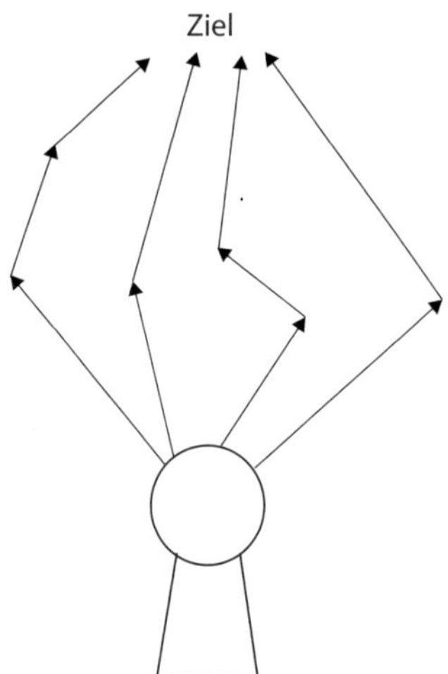

Bild 23: ***Es gibt verschiedene Varianten, um ans Ziel zu kommen.***

gewertet und verglichen werden. Was sind die Erkenntnisse aus der gesamten Übung? Worauf muss besonders geachtet werden? Welches waren die Kernprobleme? So gibt der Ausbilder den Teilnehmern die Möglichkeit, wichtige Eckpunkte mitzunehmen, die sie dann in einem Einsatz anwenden können. Der Ausbilder kann die Methode auch bei einem Gerät mit genau festgelegtem Ablauf oder Handhabung einsetzen, um verschiedene Varianten durchzuspielen, die davon abweichen. Dies dient dem Ziel, den Teilnehmern zu zeigen, weshalb der Ablauf oder die Handhabung genau so festgelegt ist. Bei diesem Vorgehen braucht der Ausbilder ein großes Wissen, um auf Fragen und Einwände zu reagieren. Natürlich ist darauf zu achten, dass die Sicherheit gewährleistet wird und keine Geräte Schaden nehmen.

Diese Methode ist eher bei den höheren Taxonomielevels geeignet. Da die Teilnehmer erleben können, was funktioniert und was nicht, wird diese Methode die Entdecker und Denker ansprechen. Weil zugleich aber etwas aktiv gemacht wird, werden schlussendlich alle Lerntypen einen Gewinn haben.

Mögliche Anwendung

Diese Methode kann sehr gut im taktischen Bereich angewandt werden. Im geschützten Rahmen können unkonventionelle Vorgehensweisen ausprobiert und die Auswirkung reflektiert werden. Sie eignet sich auch bei Themenbereichen, in denen es nicht ein Richtig und Falsch gibt (z. B. Feuer löschen, Retten einer eingeklemmten Person aus einem Auto, Entrauchen eines Gebäudes etc.).

Vor- und Nachteile

+ Die Teilnehmer erfahren selbst, welche Konsequenzen ihr Verhalten bzw. ihre Entscheidungen haben.

– Es kann langweilig werden, immer wieder dieselbe Situation durchzuspielen, auch wenn sich die Varianten verändern.

Wichtig:

Die Sicherheit muss jederzeit gewährleistet sein. Der Übungsleiter muss einschreiten, wenn Entscheidungen getroffen werden, die fahrlässig sind. Für die Auswertung braucht es eine klare Führung des Übungsleiters, damit die Übung nicht »zerredet« wird.

3.11 Fallarbeit

Kurze Übersicht

Ausgangspunkt bei dieser Methode ist eine Situation, die sich in der Wirklichkeit zugetragen hat (Knoll 2007). Diese wird entweder analysiert oder nachgestellt.

Die Methode im Detail

Nichts ist spannender als die Realität. Das gilt auch für den Feuerwehrkontext. Oft tragen sich in der Realität Situationen zu, die der Ausbilder nie in einer Übung eingebaut hätte. Weil ein Ereignis nicht nur angenommen wurde, sondern sich so zugetragen hat, ist es nie realitätsfremd.

Es gibt verschiedene Varianten für eine Fallarbeit. Sie ist eine Möglichkeit, das eigene Handeln in einer realen Situation zu reflektieren und Lehren daraus zu ziehen. Es kann auch eine Situation herangezogen werden, die sich an einem anderen Ort zugetragen hat und zu der die auszubildende Gruppe keinen eigenen Bezug hat. Das ermöglicht eine gewisse Distanz und Unvoreingenommenheit. Dabei gibt es prinzipiell zwei Vorgehensweisen:

- Entweder wird von einem Ereignis ausgegangen und der Ausbilder fragt die Gruppe, was sie in einer solchen Situation tun würden oder
- die Gruppe analysiert das Vorgehen der Einsatzkräfte im Ereignis und beurteilt es. In diesem Fall bewegt sich eine Übung auf Level 4 der Taxonomielevels.

Die Fallarbeit ermöglicht eine methodische Vielfalt. Man kann daraus z. B. eine Gruppenarbeit machen. Jede Gruppe untersucht dieselbe Situation. Es kann hilfreich sein, wenn der Ausbilder konkrete Fragen stellt. Wie würdet ihr vorgehen? Wie wird das Vorgehen der Einsatzkräfte beurteilt? Was war gut, welches Vorgehen ist zu hinterfragen? Welche Lehren können gezogen werden? Diese Analyse wird eher für Führungskräfte hilfreich sein.

Die Situation kann auch nachgestellt werden. Die Herausforderung besteht darin, sie möglichst wirklichkeitstreu nachzuspielen. Wenn nur gewisse Elemente herausgenommen werden, ist ein Vergleich mit dem Vorgehen im realen Einsatz nicht möglich.

Beispiel

Eine Feuerwehr muss eine Person aus einem Pkw befreien. Das Auto ist von der Straße abgekommen und im unwegsamen Gelände zum Stehen gekommen. Es ist eine komplexe Situation, welche die Feuerwehr stark fordert. Da eine Führungskraft dieser Feuerwehr Führungskräfte anderer Feuerwehren ausbildet, wird diese Situation noch einmal nachgestellt, was die Teilnehmer aber nicht wissen. Die Übungssituation wird erst anschließend mit der realen Situation verglichen. Das ermöglicht den Teilnehmern, Inputs vom Ausbilder zu bekommen, wie er es in der realen Situation erlebt hat. Es hilft dem Ausbilder aber auch, den realen Einsatz zu reflektieren, da er in der Übungssituation noch andere Möglichkeiten erkennen kann, wie die Situation hätte bewältigt werden können.

Mögliche Anwendung

Hier ist die Anwendung durch die reale Situation vorgegeben. Bei der theoretischen Analyse sollte der Einsatz eine gewisse Komplexität aufweisen. Außerdem muss der Einsatz gut dokumentiert sein. Konkret können das Großbrände sein, aber auch Unfälle mit Zügen, große Elementarereignisse usw. Bei Situationen, die der Ausbilder nachstellen will, steht die Frage nach der Machbarkeit im Vordergrund. Ein Verkehrsunfall wird leichter nachzustellen sein als ein Brand eines Industriegebäudes oder ein Erdrutsch.

Vor- und Nachteile

+ Die Übungssituationen haben einen Bezug zur Wirklichkeit.
+ Selbst erlebte Situationen können reflektiert werden.

– Bei der theoretischen Analyse eines Einsatzes ist der Nutzen womöglich nur gering.
– Es ist eine Herausforderung, Situationen gut nachzustellen.

Wichtig:

Diese Methode sollte nicht in der Theorie verhaftet bleiben, sondern zur Praxis führen.

3.12 Spielerische Übung

Kurze Übersicht

Der Lernstoff wird auf eine spielerische Weise angewandt. So kann die Übung zu einem Erlebnis für die Teilnehmer werden, in der aber dennoch Fertigkeiten trainiert werden.

Die Methode im Detail

Gefühle und Empfindungen spielen beim Lernen eine wichtige Rolle. Wenn eine Übung mit einem positiven Erlebnis in Verbindung gebracht wird, dann bleibt sie länger im Gedächtnis, was den Lerneffekt erhöht. Genau das will sich diese Methode zu eigen machen. Es wird die Handhabung eines Gerätes auf spielerische Weise oder es werden Fertigkeiten durch einen Wettbewerb geübt.

Beispiele

In einer Übung geht es um die Handhabung des Mehrzweckzuges. Der Ausbilder gibt der Gruppe den Auftrag, mit dem Mehrzweckzug eine Seilbahn zu erstellen und zu betreiben. Mit dem ersten Mehrzweckzug wird ein Tragseil gespannt, der zweite wird verwendet, um eine Transportgondel hochzuziehen.

In einer anderen Übung geht es um Einsätze mit Atemschutzgerät und das Absuchen von verrauchten Räumen. Nach einer kurzen Einführung und einer Wiederholung der wichtigsten Grundsätze werden Zweiertrupps gebildet und in einem Gebäude künstlicher Rauch erzeugt. Im Gebäude werden überall Schokoladenbonbons verteilt. Der Auftrag an die Zweiertrupps ist, diese zu suchen und zu »retten«. Die gefundenen Schokoladenbonbons dürfen gegessen werden.

In beiden Beispielen wird auf spielerische Art etwas trainiert. In der ersten Übung wird der Seilzug in Betrieb genommen, aber auf eine Art, wie es für die Feuerwehr wohl kaum nötig sein wird. Trotzdem muss die Handhabung des Gerätes beherrscht werden, wenn die Teilnehmer die Übung erfolgreich absolvieren wollen. Bei der zweiten Übung werden die Handhabung des Pressluftatmers und das Absuchen geübt, auch wenn in einem Ernstfall nie Schokolade gerettet werden muss. Aber der Umstand, dass die Teilnehmer keine Statisten oder sonstige Gegenstände suchen müssen, ist ein zusätzlicher Antrieb für die Zweiertrupps.

Hier ist eine gewisse Kreativität gefragt. Es geht nicht darum, dass die Geräte so zweckentfremdet werden, dass sie nichts mehr mit einem realen Einsatz zu tun haben. Um dem vorzubeugen, braucht es eine gründliche Vorbereitung. Der Ausbilder muss sich überlegen, zu welchen falschen Handhabungen es kommen kann oder welche Aspekte der Geräte und Abläufe vernachlässigt werden können. Allenfalls kann er dem mit genauen Instruktionen vorbeugend entgegenwirken.

Mögliche Anwendung

Die Grenzen werden bei dieser Methode durch die eigene Kreativität gesetzt. Die Methode kann bei der Handhabung von Geräten eingesetzt werden, aber auch dort, wo drillmäßig etwas geübt werden muss. Damit ist sie für alle Taxonomie-levels geeignet. Bei taktischen Inhalten ist die Methode weniger geeignet, ebenso wenig beim Umgang mit Patienten.

Vor- und Nachteile

+ Durch positive Erlebnisse wird die Freude an der Übung gefördert und der Übungsinhalt bleibt länger im Gedächtnis.

– Die Gefahr besteht, dass durch den spielerischen Gebrauch die Einsatzweise der Geräte für den Ernstfall aus den Augen verloren geht.

Wichtig:

Durch den spielerischen Gebrauch sollten nie falsche Handhabungen von Geräten oder falsche Abläufe eintrainiert werden. Ebenso darf es nie zu einer Gefährdung der Feuerwehrangehörigen oder zur Schädigung der Geräte kommen. Und vor lauter Spaß und Spiel darf das Lernziel nicht aus den Augen verloren werden.

3.13 Planspiel

Kurze Übersicht

Bei einem Planspiel wird eine Einsatzsituation an einem Modell dargestellt. Die Teilnehmer müssen darauf reagieren und die richtigen Entscheidungen treffen, um die Aufgabe zu bewältigen. Die Spielleitung kann das Spiel steuern und die Entwicklung der Situation von den Entscheidungen der Teilnehmer abhängig machen (Bonz 2009; Kriz 2000).

Die Methode im Detail

Planspiele werden schon seit Jahrtausenden im militärischen Kontext verwendet. Mit der Zeit wurden sie weiterentwickelt und werden heute an verschiedenen Orten eingesetzt. Ausgangspunkt ist immer eine komplexe Situation, die in einem Modell abgebildet wird. In der Feuerwehr wird dies meistens eine komplexe Einsatzsituation sein. Das Modell kann verschiedene Formen haben: Es kann eine Skizze auf Papier sein oder mit Kreide auf den Boden gemalt werden. Es kann an einem realen Objekt nachgespielt werden oder Fotos können als Grundlage eines Modells dienen. Der Übungsleiter überlegt sich im Vorfeld, welche Situation er erschaffen will. Dabei ist es wichtig zu überlegen, welche Informationen die Teilnehmer brauchen. Fehlende Informationen können dazu führen, dass Entscheidungen anders ausfallen werden. Der Übungsleiter muss auch bei einem Planspiel ein Lernziel definieren und das Planspiel entsprechend planen.

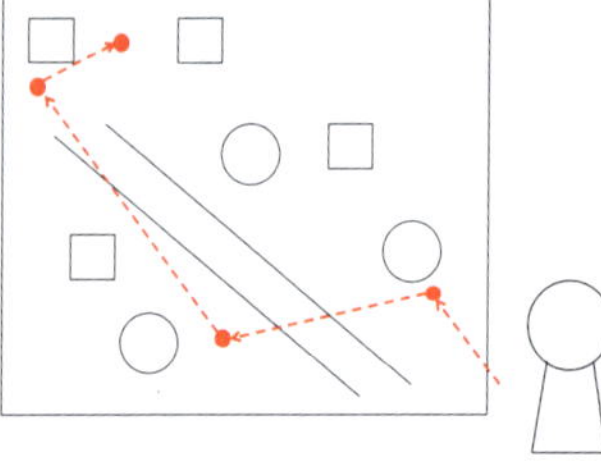

Bild 24: ***Eine Situation ist auf dem Plan abgebildet und die Teilnehmer müssen auf die Situation reagieren.***

Der Ausbilder überlegt sich bei der Vorbereitung: Sind die Entschlüsse ein Resultat der Gruppenarbeit oder gibt es einen Einsatzleiter, der die Entscheidungen trifft? Und wenn nur ein Teilnehmer die Entscheidungen trifft, was machen dann die anderen? Beurteilen sie? Oder werden die Befehle an andere Teilnehmer gegeben, welche diese dann am Modell selber ausführen? Der Übungsleiter sollte ständig die Entscheidungen des Einsatzleiters verfolgen. Das ermöglicht ihm, das Ereignis zu steuern und entsprechend zu reagieren.

Wenn das Vorgehen in der Gruppe erarbeitet wird, kann das Ergebnis anschließend im Plenum vorgestellt werden. Das ermöglicht eine Diskussion. Häufig gibt es nicht nur eine Variante, die zum Ziel führt. So können die Vor- und Nachteile eines Vorgehens deutlich werden. Hier wird sich auch zeigen, ob die Teilnehmer alle relevanten Informationen zur Verfügung hatten. Wenn nicht, werden sie sich die Situation unterschiedlich vorstellen und demnach andere Entscheidungen treffen. Das macht die Übung nicht wertlos, es erhöht nur die Anzahl der möglichen Lösungsansätze.

Wenn der Übungsleiter seine Aufgabe beherrscht, dann kann mit dem Planspiel schön aufgezeigt werden, dass Entscheidungen Auswirkungen auf das ganze Ereignis haben können. Bei den Teilnehmern kann so eine Reflexion der eigenen Entscheidungen stattfinden. Letztendlich soll die Handlungskompetenz von Führungskräften gestärkt werden.

Beispiel

Um die Taktik als Einsatzleiter und die Organisation von Großereignissen zu trainieren, wird mit Kreide ein kleiner Stadtplan aufgezeichnet (Straßen, Eisenbahn, Gewässer etc.).

Mit verschiedenen Alltagsgegenständen wie Eimer und Kisten werden die Häuser platziert. Der Übungsleiter bestimmt einen Einsatzleiter. Die übrigen Übungsteilnehmer müssen die Befehle ausführen, indem sie Spielzeugautos und Figuren so platzieren, wie es der Einsatzleiter befiehlt. Dadurch können der Übungsleiter wie auch die übrigen Teilnehmer immer sehen, was befohlen wird. Der Übungsleiter gibt laufend neue Inputs, wie sich das Ereignis entwickelt. Am Schluss haben die Teilnehmer ein Bild der gesamten Schadensplatzorganisation. Es kann ein Lageplan von der ganzen Einsatzstelle gezeichnet werden, womit noch ein weiterer Aspekt geübt wird.

Wenn wir das Taxonomielevel beachten, dann sind wir bei den Planspielen auf dem höchsten Taxonomielevel. Das heißt, dass eine gewisse Erfahrung und das Know-how Voraussetzung sind. Beim Planspiel müssen die Teilnehmer innovativ sein und das Wissen und die Erfahrung in die Entscheidungen einfließen lassen. Es ist ein abstraktes Lernen, demnach werden Denker und Entscheider diese Methode mögen.

Mögliche Anwendung

Planspiele sind für die Führungsebene geeignet. Komplexe Einsätze bei Großereignissen lassen sich gut so nachspielen und die Führungskräfte können das Vorgehen bei nicht alltäglichen Ereignissen üben.

Vor- und Nachteile

- + Entscheidungen in komplexen Situationen können geübt werden.
- + Die Teilnehmer sind sehr aktiv.

- – Es ist eine Herausforderung für den Übungsleiter, ein realistisches Modell zu erstellen, bei dem alle nötigen Informationen ersichtlich sind.
- – Die Methode ist nur für taktische Übungen einsetzbar.

Wichtig:

Gute Vorbereitung ist wichtig, damit ein Planspiel gewinnbringend ist. Der Übungsleiter muss sich eine Situation gut ausmalen können.

3.14 Erlebnispädagogische Methode

Kurze Übersicht

Diese Methode stellt das Erleben und Erfahren in den Vordergrund und rundet den Lernprozess durch eine anschließende Reflexion ab.

Die Methode im Detail

Die erlebnispädagogische Methode ist an die Erlebnispädagogik angelehnt, lässt aber gewisse Aspekte der Erlebnispädagogik außer Acht. Kamer (2017) nennt vier Leitideen der Erlebnispädagogik: Wachstumsorientierung, Ganzheitlichkeit, Selbstorganisation und Naturorientierung. Die erlebnispädagogische Methode im Kontext der Feuerwehr legt den Fokus auf die ersten beiden Leitideen. Wachstumsorientierung meint dabei, dass der Fokus nicht auf Fehler der Teilnehmenden gelegt wird, sondern auf ihre Ressourcen und Fähigkeiten. Ganzheitlichkeit lehnt sich an Pestalozzis Ideen an, dass Kopf, Hand und Herz angesprochen werden sollen.

In der Erlebnispädagogik werden die Teilnehmenden oft in der Natur mit Situationen konfrontiert, welche außerhalb der Komfortzone liegen und damit gedankliche und gruppendynamische Prozesse anstoßen. Das kann auch in der Feuerwehr durchaus Platz haben. Bei der erlebnispädagogischen Methode geht es aber ums Erleben von feuerwehrrelevanten Themen.

Bild 25: ***Die Teilnehmenden erleben zuerst etwas.***

Das Wissen wird nicht zuerst theoretisch vermittelt, sondern die Teilnehmenden erleben im ersten Schritt. Das kann durchaus auch außerhalb des Bekannten oder der Komfortzone geschehen. Im Idealfall ist das Erleben ganzheitlich und die Teilnehmenden können ihre Ressourcen oder Erfahrungen einbringen. Anschließend wird das Erlebte besprochen, ausgewertet und reflektiert, so dass ein Transfer in den Feuerwehralltag stattfinden kann.

Bild 26: ***Nach dem Erleben folgt das Reflektieren.***

Beispiel

In einem Flash-over-Container erleben die Teilnehmer verschiedene Phänomene des Feuers. Zu Beginn wird nur eine kurze Einführung gegeben und die sicherheitsrelevanten Punkte besprochen. Anschließend können die Teilnehmenden erleben, wie sich das Feuer entwickelt, wie sich die Farbe des Rauches verändert, wie sich eine Rauchgasdurchzündung anfühlt etc. Nachdem die Demophase abgeschlossen ist, wird ausgewertet und reflektiert. Zuerst werden die Erfahrungen und Eindrücke der Teilnehmenden abgeholt. Danach findet der Transfer in den Feuerwehralltag statt. Was bedeuten diese Erkenntnisse für den Feuerwehreinsatz? Auf was ist besonders zu achten, wenn wir eine Türe von einem Brandraum öffnen? Was sollten wir auf keinen Fall tun?

Beim Erlebenlassen sind der Kreativität der Ausbilder fast keine Grenzen gesetzt. Einen Faktor gibt es in jedem Fall zu beachten: Die Sicherheit der Teilnehmer muss zu jeder Zeit gewährleistet sein. Sobald dies nicht mehr der Fall ist, muss der Ausbilder sofort einschreiten. Wichtig ist auch, dass der Ausbilder vor dem Erlebnisteil nicht schon alles vorwegnimmt. Nur die nötigsten Informationen und Sicherheitshinweise sind zu geben.

Ein spezielles Augenmerk wollen wir auch noch auf die Auswertung nach dem Erlebnisteil legen. Denn: »Erst die reflexiven Prozesse machen aus dem Erleben ein Lernen.« (Kamer 2017) Für die Reflexion gibt es eine Vielzahl an Möglichkeiten, um sie zu gestalten. Wichtig ist: Die Reflexion sollte genauso vorbereitet sein wie der Rest der Ausbildung.

Eine mögliche Methode ist das 4F-Schema: Feelings (Gefühle), Facts (Fakten), Findings (Erkenntnisse), Future (Wo könnten die Erkenntnisse in naher Zukunft eine Bedeutung haben?). Dieses Schema kann ein Leitfaden sein, um durch den Reflexionsprozess zu leiten. Um die vier F zu erarbeiten, gibt es viele methodische Möglichkeiten: Gruppenarbeit, im Plenum zusammentragen, auf einem Flipchart zusammenfassen etc. Dieses Schema versucht auch die Ganzheitlichkeit der Methode aufzunehmen, weil es nicht nur die Erkenntnisse anspricht, sondern auch die Gefühle.

Eine zweite Möglichkeit die Reflexionsphase zu gestalten, sind verschiedene Fragen, die vom Ausbilder gestellt werden. Dabei können verschiedene Fragetypen unterschieden werden:

- Begründungsfragen (Warum ist das so geschehen? Warum konnten wir dieses Phänomen beobachten?)

- Vertiefendes Nachfragen (Aber warum geschah dies so und nicht anders? Könnt ihr mir das noch etwas genauer erklären?)
- Definitionsfragen (Was ist denn genau darunter zu verstehen?)
- Skalierungsfragen (Was waren die Gefühle dabei?)

Durch diese Fragen werden die Teilnehmenden zum Nachdenken angeregt. Wichtig ist, dass die Fragen nicht geschlossen sind und die Teilnehmenden sie nicht einfach mit einem Ja oder Nein beantworten können. Denn das bringt das Gespräch und den Prozess des Nachdenkens zum Stillstand. Das Ziel der Reflexionsphase ist, dass alle Teilnehmenden aus dem, was sie erlebt haben, etwas für den Feuerwehralltag mitnehmen können.

Diese Methode wird vor allem den Entdeckern gefallen. In einem ersten Schritt stehen das Entdecken und Erleben im Vordergrund. Wenn aber die anschließende Reflexion fundiert und gut ist, können auch Denker und Entscheider abgeholt werden.

Die erlebnispädagogische Methode eignet sich bei den ersten drei Taxonomielevels. Besonders für die dritte Stufe kann diese Methode sehr hilfreich sein. Nach dem Erleben erübrigen sich oft Diskussionen über den Sinn oder Unsinn von gewissen Vorgehensweisen, weil es durch das Erleben für alle klar geworden ist.

Mögliche Anwendung

Für Themen, bei denen etwas erlebt werden kann, ist diese Methode geeignet. Das können wie oben im Beispiel Phänomene des Feuers sein. Aber auch Löschtechniken oder Rettungsarten können auf diese Weise thematisiert werden.

Vor- und Nachteile

+ Sehr ganzheitliche Methode.
+ Themen können auf eindrückliche und praktische Art behandelt werden.

- Sie ist nur bei Themen geeignet, in denen es etwas Eindrückliches zu erleben gibt.
- Wenn die Reflexionsphase nicht gut vorbereitet ist, wird die Übung entweder »zerredet« oder ist zu wenig fundiert.

Wichtig:

Das Erleben sollte die Teilnehmenden aus der Komfortzone führen, was nur möglich ist, wenn es noch Unbekanntes zu entdecken gibt. Die Reflexion ist genauso wichtig und sollte gut vorbereitet sein.

3.15 Abschluss einer Lektion

Kurze Übersicht

In der Prozessstruktur einer Lektion spielt der Abschluss eine wichtige Rolle. Beim Abschluss kann überprüft werden, ob die Lernziele erreicht wurden, der Ausbilder kann den Teilnehmern etwas mit auf den Weg geben und bei ihnen einen positiven und motivierenden Eindruck hinterlassen.

Die Methode im Detail

In einem Film wünschen wir uns ein Happy End. Auch eine Lektion braucht ein gutes Ende. Das darf nun nicht in dem Sinn verstanden werden, dass wir loben, wo es gar nichts zu loben gibt oder dass wir Dinge schön reden, nur damit wir einen schönen Abschluss der Lektion haben. Das Ziel einer Lektion ist es, dass die Teilnehmer auf der einen Seite etwas lernen und auf der anderen Seite motiviert werden, das Gelernte auch anzuwenden (vgl. die Taxonomielevels). Um diese beiden Ziele zu erreichen, muss der Abschluss der Lektion ehrlich, aber dennoch motivierend sein. Das, was noch verbesserungswürdig ist, muss angesprochen werden. Tipps werden mitgegeben; aber auch das, was gut war, sollte nicht verschwiegen werden.

Nun gibt es verschiedene Möglichkeiten, wie der Ausbilder den Abschluss einer Lektion gestalten kann. Er kann entweder vom Ausbilder selbst gesteuert werden, oder aber die Teilnehmer werden miteinbezogen (teilnehmergesteuert). Daneben gibt es verschiedene Mischformen und auch Ausgestaltungsmöglichkeiten. Beide Varianten haben Vor- und Nachteile, die hier kurz beleuchtet werden.

3.15.1 Ausbildergesteuert

Bei dieser Variante verfolgt der Ausbilder das Ziel, den Teilnehmern ein Feedback zur Lektion zu geben: Was war gut? Was kann noch verbessert werden? Welche Tipps gebe ich noch mit? Aber darin darf auch ein Dank und eine Wertschätzung enthalten sein für das, was die Teilnehmer geleistet haben (Kramp/Nydegger 2017). In der Schweiz hat sich in den Feuerwehren das 5-Finger-Prinzip durchgesetzt (SFV/VSBF 2013):

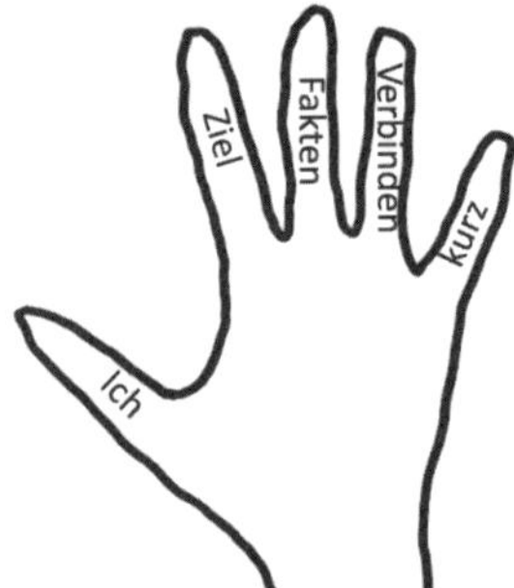

Bild 27: ***Abschluss einer Lektion anhand des Fünf-Finger-Prinzips***

Ich: Die Besprechung beginnt mit einer Ich-Botschaft. Zum Beispiel: Ich danke euch für den Einsatz, den ihr heute geleistet habt. Oder: Ich wusste, es ist eine herausfordernde Lektion. Ihr habt das hervorragend gemeistert. Oder: Ich habe mich gefreut, euch zuzusehen, wie ihr gearbeitet habt. Wichtig ist: Der Einstieg muss positiv sein.

Ziel: Der Ausbilder überlegt sich, welche Punkte er von der Lektion beurteilen möchte. Es werden maximal drei Kriterien genommen. Der Ausbilder kann diese entweder vor der Lektion schon definieren oder das im Verlauf der Lektion tun. Wenn er sie erst während der Lektion definiert, ist die Gefahr größer, dass er nur die negativen Dinge herausnimmt. Deshalb ist es nicht schlecht, wenn sich der Ausbilder schon vorher Kriterien überlegt und dann, wenn nötig, eines oder zwei anpasst, aber so, dass er auch positive Rückmeldungen geben kann.

Von Vorteil ist es, wenn die Kriterien den Lernzielen entsprechen oder zumindest etwas damit zu tun haben. Und so nennt der Ausbilder diese Kriterien bzw. Lernziele, die er nun beurteilt. Zum Beispiel: Ziel der Lektion war es, dass jeder Teilnehmer die Bewusstlosenlagerung anwenden kann. Oder: Ich habe mein Augenmerk darauf gerichtet, wie der Umgang mit dem Patienten ist.

Fakten: Bei diesem Punkt wendet sich der Ausbilder nun dem Verlauf der Ausbildung zu. Er formuliert seine Beobachtungen, immer im Wissen, dass sie letztlich subjektiv sind. Also zum Beispiel: Das Ziel der Lektion wurde erfüllt, weil ich festgestellt habe, dass alle Teilnehmer am Schluss eine korrekte Bewusstlosenlagerung ausführen konnten. Oder: Der Umgang mit dem Patienten war nicht immer optimal, weil der Patient zum Teil überhaupt nicht betreut wurde.

Hier ist es wichtig, dass der Ausbilder auch begründet, weshalb er diese Ansicht vertritt. Denn nur so können die Teilnehmer nachvollziehen, was er meint.

Verbinden: Nun geht es darum, die Ziele und Fakten zu verbinden und die Konsequenzen daraus zu ziehen. Da können auch Tipps mit einfließen. Zum Beispiel: Achtet darauf, dass ihr eine bewusstlose Person genau so lagert, wie ihr es nun am Schluss der Lektion gemacht habt. Oder: Denkt daran, dass ein Patient, auch wenn er bewusstlos ist, immer betreut werden muss. Es kann jemand bestimmt werden, der nur für die Betreuung des Patienten zuständig ist.

Kurz: Das Kurz steht einerseits dafür, dass die ganze Besprechung am Schluss kurz gehalten wird. Wenn der Ausbilder am Schluss einer Übung einen zu langen Monolog hält, wirkt das demotivierend. Meistens werden auch nicht mehr Dinge gesagt, die wertvoll oder hilfreich sind.

Andererseits steht das »Kurz« für einen kurzen Abschluss, der wieder positiv sein sollte. Das kann etwas sein, das wir mitnehmen (man nennt das auch: einen Nagel setzen). Zum Beispiel: Wir nehmen also mit, dass auch eine bewusstlose Person Betreuung braucht.

Vor- und Nachteile

+ Es kommt das zur Sprache, was dem Ausbilder wichtig ist.
+ Der Ausbilder kann gut seine Tipps und seine Erfahrung einfließen lassen.

– Die Teilnehmer sind passiv.
– Der Ausbilder hat keine Rückmeldung, wie die Teilnehmer die Lektion empfunden haben.

3.15.2 Teilnehmergesteuert

Wenn der Abschluss einer Lektion teilnehmergesteuert ist, dann geben die Teilnehmer die Rückmeldung und analysieren selber, was sie gelernt haben und wo es noch Verbesserungspotential gibt. Zwei Methoden sollen hier vorgestellt werden.

Blitzlicht

Bei dieser Methode geht es darum, die Eindrücke, Gefühle und/oder Lernfortschritte der Teilnehmer abzufragen (Knoll 2007). Praktisch kann es so ablaufen, dass die Teilnehmer in einem Kreis oder Halbkreis stehen. Der Ausbilder stellt dann eine Frage, welche die Teilnehmer der Reihe nach in ein bis zwei Sätzen beantworten. Die Antworten der Teilnehmer werden weder kommentiert noch kritisiert, sondern stillschweigend entgegen genommen.

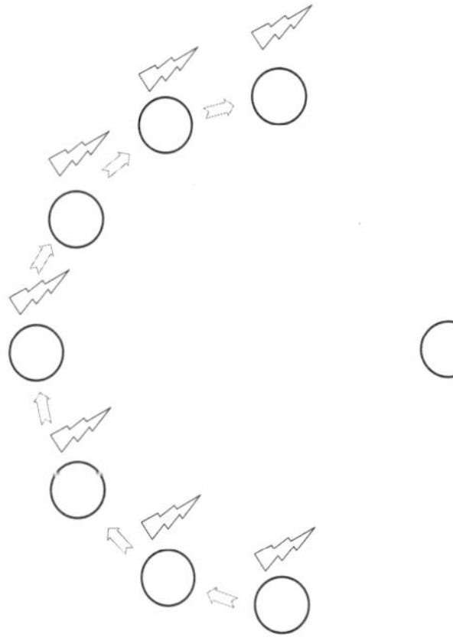

Bild 28: ***Die Teilnehmer sagen reihum ihre Gedanken.***

Auf der einen Seite führt dies dazu, dass die Teilnehmer reflektieren und sich fragen, was sie nun gelernt haben. Auf der anderen Seite bekommt der Ausbilder eine Rückmeldung zu seiner Lektion. Mögliche Fragen können zum Beispiel sein: Was ist dir in dieser Lektion wichtig geworden? Wie geht es dir, wenn du dir vorstellst, du müsstest das Gelernte mitten in der Nacht in einem Einsatz anwenden? Was war dein größtes Aha-Erlebnis in dieser Lektion? Wo fühlst du dich noch unsicher?

Auch wenn die Statements der Teilnehmer nicht kommentiert werden, so kann der Übungsleiter am Schluss dennoch Dinge aufgreifen, die von Teilnehmern gesagt wurden. Auch da kann er noch einen kurzen Tipp geben oder auf Fragen eingehen. Aber auch hier gilt: Je kürzer, desto besser. Das Blitzlicht sollte kein Sprungbrett sein, um dann noch einen ausbildergesteuerten Abschluss zu machen.

Lebendiges Diagramm

Eine weitere Form, um die Teilnehmer zum Reflektieren anzuregen und ein Feedback zu erhalten, ist das lebendige Diagramm (Das lebendige Diagramm ist angelehnt an die von Knoll (2007) vorgeschlagene Methode »Motorinspektion«). Ein Diagramm hat meistens zwei Achsen (x ist die waagrechte, y die senkrechte Achse). Nun stellt der Ausbilder zwei Fragen an die Teilnehmer. Zum Beispiel: Wie fühlst du dich nun in Bezug auf das Thema? Und: Wie gewinnbringend war die Lektion? Die erste Frage wird auf der x-Achse abgebildet. Ganz links bedeutet: Ich fühle mich noch total unsicher. Rechts bedeutet: Ich fühle mich sehr sicher. Die zweite Frage wird auf der y-Achse abgebildet. Ganz unten bedeutet: Die Lektion war überhaupt nicht gewinnbringend. Ganz oben bedeutet: Ich hatte großen Gewinn durch die Lektion. Nun stellen sich die Teilnehmer dorthin, wo ihre Haltung abgebildet wird.

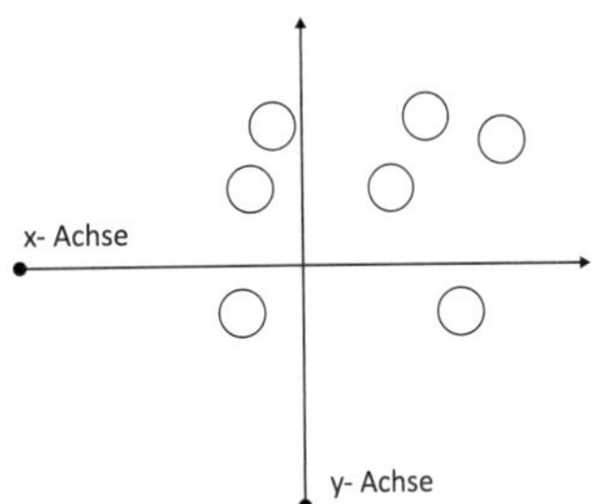

Bild 29: ***Die Teilnehmer stellen sich an den Ort, der ihr Befinden zum Ausdruck bringt.***

Die Fragen des Ausbilders können sich natürlich auf alle möglichen Bereiche beziehen. So kann gefragt werden:

Wie gut fühlte ich mich in die Gruppe integriert? Wie bewerte ich die Ausbildungsanlage? Wie aktiv konnte ich in der Übung sein? Habe ich die Lernziele erreicht?

Der Ausbilder sollte sich gut überlegen, welche Fragen er stellt. Das Ziel der Fragen sollte sein, dass sich die Teilnehmer überlegen, was sie gelernt haben. Und der Ausbilder soll die Möglichkeit bekommen, ein Feedback bei den Teilnehmern abzuholen. Ergänzt werden kann diese Methode dadurch, dass das lebendige Diagramm mit Gegenständen gefüllt wird. Wenn es in der Lektion um die Feuerwehrschläuche ging, dann können die Teilnehmer einen Schlauch in das Diagramm hineinlegen.

Auch bei diesem Abschluss hat der Ausbilder die Möglichkeit, das Feedback kurz aufzugreifen und einen Tipp mitzugeben. Auch hier sollte der Kommentar kurz und knapp ausfallen.

Vor- und Nachteile

+ Die Teilnehmer reflektieren, was sie aus der Übung mitnehmen.
+ Der Ausbilder erhält ein Feedback, wie die Lektion angekommen ist.

- Der Ausbilder kann nur noch punktuell seine Anliegen oder Tipps einbringen und die Übung nicht systematisch besprechen.

Wichtig:

Der Abschluss muss immer ehrlich, aber ermutigend sein.

4 Schlusswort

Wenn Sie das Buch an einem Stück gelesen haben, dann fühlen Sie sich jetzt vielleicht ein wenig »erschlagen« von all den Methoden, die in diesem Buch vorgestellt wurden. Versuchen Sie nun nicht, alle gleichzeitig umzusetzen und in die nächste Feuerwehrübung hineinzupacken. Testen Sie eine Methode und sammeln Sie Ihre Erfahrungen damit. Und dann probieren Sie es mit der nächsten Methode. Bei einigen werden Sie die Erfahrung machen, dass es von Anfang an klappt, bei anderen gibt es vielleicht weniger motivierende Erfahrungen. Kopf hoch! Versuchen Sie herauszufinden, was die Ursache dafür war und probieren Sie, die Fehler beim nächsten Mal auszumerzen. Fehler machen ist erlaubt, ja sie sind sogar wichtig, damit sich ein Ausbilder selber verbessern kann.

Sicherlich werden Sie auch merken, dass einige Methoden nicht zu Ihnen passen. Dann benutzen Sie diese besser nicht. Wenn der Ausbilder bei den Teilnehmern ein Feuer entfachen will, wie das im eingangs erwähnten Zitat steht, dann geht das nur, wenn er selber mit Freude ausbildet. Und das geht nur mit Methoden, die ihm liegen und die er gerne anwendet. Auch wenn eine Methoden-Monotonie demotivierend für die Teilnehmer ist, so muss niemand den Anspruch erheben, bei jeder Übung eine andere Methode anwenden zu müssen.

Und so bleibt mir nur noch eines: Ihnen viel Mut beim Ausprobieren der Methoden und viele motivierende Erfahrungen bei Ihren Feuerwehrübungen zu wünschen.

Literatur

Aronson, Elliot: Nobody left to hate. Teaching Compassion After Columbine, New York: W. H. Freeman and Company, 2000.

Benseler, Gustav Eduard: Griechisch-Deutsches Schul-Wörterbuch, Leipzig: B. G. Teubner, 1882.

Bernet, Roland/Bernet, Vreni: Kreative Methodensammlung für fortgeschrittene Ausbildner/innen, Waldkirch: Bernet, 2. Auflage, 2007.

Bonz, Bernhard: Methoden der Berufsbildung. Ein Lehrbuch, Stuttgart: Hirzel, 2., neubearbeitete und ergänzte Auflage, 2009.

Crittin, Jean-Pierre: Erfolgreich unterrichten. Die Vorbereitung und Durchführung von Unterricht. Ein praxisbezogenes Handbuch für Ausbilder und Kursleiter, Bern, Stuttgart und Wien: Haupt, 1993.

Dollinger, Manuela: Wissen wirksam weitergeben. Die wichtigsten Instrumente für Referenten, Trainer, Moderatoren, Zürich: Orell Füssli, 2003.

Döring, Klaus W.: Lehren in der Erwachsenenbildung, Basel: Beltz, 1983.

First Aid/Mr. Bean, abrufbar unter: https://www.youtube.com/watch?v=P9ju80SMWZY, letzter Zugriff: 02.10.2025.

Jank, Werner/Meyer, Hilbert: Didaktische Modelle, Berlin: Cornelsen, 11. Auflage, 2014.

Kamer, Tobias: Abenteuer planen? Didaktisches Handeln in Erlebnispädagogik und Outdoortraining, München: Ernst Reinhardt, 2017.

Knoll, Jörg: Kurs- und Seminarmethoden. Ein Trainingsbuch zur Gestaltung von Kursen und Seminaren, Arbeits- und Gesprächskreisen, Weinheim und Basel: Beltz, 11. Auflage, 2007.

Kolb, David A.: Experiential Learning. Experience as the Source of Learning and Development, New Jersey: Pearson Education, 2. Auflage, 2015.

Kramp, Bernd/Nydegger, Daniel: Ethik in der Feuerwehr, Stuttgart: Kohlhammer, 2015.

Krathwohl, David/Bloom, Nemjain/Masia Bertram: Taxonomie von Lernzielen im affektiven Bereich, Weinheim und Basel: Beltz, 1964.

Kriz, Willy Christian: Lernziel: Systemkompetenz: Planspiele als Trainingsmethode, Göttingen: Vandenhoeck & Ruprecht, 2000.

Perels, Franziska/Schmitz, Bernhard/van de Loo, Kirsten: Training für Unterricht – Training im Unterricht. Moderne Methoden machen Schule, Göttingen: Vandenhoeck & Ruprecht, 2007.

Petersen, Sue/Oser, Fritz: Vorzeigen und Nachmachen. Ein vernachlässigtes Lehr-Lern-Konzept für Schule und Berufsbildung, Bern: h. e. p. Verlag, 2013.

Schweizerischer Feuerwehrverband (SFV)/Vereinigung Schweizer Berufsfeuerwehren (VSBF): Reglement Basiswissen, 2013, abrufbar unter: http://www.feukos.ch/de/unterlagen/, letzter Zugriff: 02.10.2025.

Siebert, Horst: Methoden für die Bildungsarbeit. Leitfaden für aktivierendes Lehren, Bielefeld: Bertelsmann, 4. Auflage, 2010.

Weiterführende Literatur zu Methodik und Didaktik

Arnold, Rolf/Stroh, Christiane: Methoden systemischer Erwachsenenbildung, Baltmannsweiler: Schneider, 2017.

Brühwiler, Herbert: Methoden der ganzheitlichen Jugend- und Erwachsenenbildung, Opladen: Leske & Budrich, 2. Auflage, 1994.

Döring, Klaus W.: Handbuch. Lehren und Trainieren in der Weiterbildung, Weinheim und Basel: Beltz, 2008.

Faulstich, Peter/Zeuner, Christine: Erwachsenenbildung. Eine handlungsorientierte Einführung in Theorie, Didaktik und Adressaten, Weinheim und München: Juventa, 2. Auflage, 2006.

Gasser, Peter: Lehrbuch Didaktik, Bern: h. e. p. Verlag, 2001.

Meyer, Hilbert: Unterrichts Methoden. I: Theorieband, Berlin: Cornelsen, 17. Auflage, 2002.

Meyer, Hilbert: Unterrichts Methoden. II: Praxisband, Berlin: Cornelsen, 15. Auflage, 2011.

Weidenmann, Bernd: Erfolgreiche Kurse und Seminare. Professionelles Lernen mit Erwachsenen, Weinheim und Basel: Beltz, 8. Auflage, 2011.